变化环境下城市雨洪调控措施研究

孙艳伟 著

U0389071

科学出版社

北京

内 容 简 介

本书是作者近 5 年来对变化环境下城市水文效应及城市内涝应对措施方面研究成果的总结。本书共分为 8 章，以中国具有典型城市化特征的城市居民小区为例，分析了其降水变化、城市化的水文效应，并从城市排水系统的地表径流输送系统和城市管网排泄系统两个方面出发，分析了直接不透水性面积比例、低影响开发措施以及城市输水管径在城市内涝方面的作用等多项成果。本书涉及气象学、城市水文学、模型模拟、概率分析等多学科的理论与方法的应用研究，一方面可为城市雨洪及管网设计提供理论指导，同时为相关研究提供分析思路及参考。

本书可供水文水资源、水生态、水利工程、市政工程及有关专业科技工作者和管理人员使用，也可供大专院校相关师生参考阅读。

图书在版编目（CIP）数据

变化环境下城市雨洪调控措施研究 / 孙艳伟著. —北京：科学出版社，2018.10

ISBN　978-7-03-058973-6

Ⅰ. ①变… Ⅱ. ①孙… Ⅲ. ①城市-防洪工程-研究　②降雨-水资源利用-研究　③洪水-水资源利用-研究　Ⅳ. ①TU998.4　②TU991.11

中国版本图书馆 CIP 数据核字（2018）第 223937 号

责任编辑：韦　沁 / 责任校对：张小霞
责任印制：张　伟 / 封面设计：北京东方人华科技有限公司

科 学 出 版 社 出版
北京东黄城根北街 16 号
邮政编码：100717
http://www.sciencep.com

北京中石油彩色印刷有限责任公司 印刷
科学出版社发行　各地新华书店经销
*

2018 年 10 月第　一　版　开本：787×1092　1/16
2019 年 3 月第二次印刷　印张：8 1/4
字数：205 000
定价：89.00 元
（如有印刷质量问题，我社负责调换）

前　言

城市化以及全球气候变化关系到人类的生存和发展，涉及国家政治安全、社会经济与发展，人类协调与合作等一系列问题。城市化和气候变化改变了水文循环过程，影响着水资源系统的结构与功能，对人类水资源的开发利用带来新的挑战，并深刻影响着人类社会资源的开发、利用、规划、管理等诸多环节。其中，因为城市化及全球气候变化所带来的最直接的关系是地表径流的增加以及强降雨事件的增多，从而使城市内涝问题更加严重。因此，在变化情境下研究城市化的水文效应，并探讨其应对措施具有重要意义。城市化的发展深刻改变了区域的水文循环过程，并对水环境产生了显著的负面影响。城市化发展通过改变城市的下垫面，将其从透水性区域转变为不透水性区域，并通过城市的热岛效应，改变了流域内降水的时空分布和降雨径流效应，这些改变与流域的水循环过程、雨洪资源的利用与调控紧密相关。高度发展的城市化对于城市排水系统的发展及城市产汇流理论提出了更高的要求。

本书从城市排水系统的地表径流输送系统和城市管网排泄系统出发，通过对影响地表径流输送系统的 DCIA 以及 LID 措施的水文效应进行分析，以及管径改变对管网的输水能力模拟方面研究了变化环境下的城市水文效应及其应对措施。取得的代表性成果如下：

（1）采用滑动平均法、M-K 参数检验法，对研究区 1951～2017 年的降水资料进行了统计分析，研究结果表明：年平均降水量呈现下降的趋势，突变点为 1957 年和 2014年；秋季降水量呈现上升趋势，其突变点在 1959 年，春季、夏季、冬季降水量呈现下降趋势，突变分别发生在 1957 年、1958 年、1960 年。汛期降水量呈下降趋势对于雨洪调控而言是有益的。

（2）采用历时资料，对郑州市暴雨强度公式进行了修订，并将修订后的公式应用于城市管径的推求，在此基础上，通过建立水动力学模型对研究区的水动力学现状进行了模拟。模拟结果表明修订后的管道对于缓解城市内涝现象具有显著作用，且随着降水重现期的增大，其效果越明显，对于较小重现期的降水而言，其效果不显著。

（3）对 DCIA 和 TIA 两种情形下的地表产流进行模拟表明：当区域的不透水性系数采用 DCIA 时，DCIA 会产生更缓的入渗过程，更大的入渗量和更小的入渗系数。这一结论对于我国的雨洪资源管理具有重要的理论指导意义，因为改变区域的 DCIA 相比修改管道直径而言更加容易实现。

（4）通过对研究区各调控措施建立 SWMM 模型模拟其雨洪调控性能可为，并利用洪峰流量消减率、入渗补给比例以及流量过程曲线来分析各调控措施基于不同重现期降水事件的水文调控性能，结果表明 BMPs 措施中的截留池和入渗带在两年设计降水下的洪峰流量消减性能比较显著，即对降水量较小降水事件的洪峰流量消减的水文效应相对比较显著；对于 LID 措施来讲，透水性路面无论是在洪峰流量的消减还是入渗补给方面，其性能均最为显著。各调控措施的调控性根据其设计要素的不同会发生改变，本书所模拟的各雨洪调控措施的设计要素均选取了其设计手册中的推荐值，且除透水性路面外，其余措施均具有相同的表面积，而其灵敏度分析结果表明面积是所有设计要素中对调控性能影响最大的要素。

（5）利用基于 SWMM 的生物滞留池模拟模型，分析了在研究区内通过改变生物滞留池不同设计参数的 729 种情景模拟情况。通过控制变量法进行比较并进而分析了各个因子对生物滞留池调控性能的影响，结果表明：DCIA 和其他因子组合会对生物滞留池产生不同的影响，对于不同重现期的降水，当表层土壤为砂壤土时，径流消减率随 DCIA 的增加而增加；当表层土壤为沙土时，对于不同重现期的降水，径流消减率随 DCIA 的增加变化很小；当表层土壤为壤砂土时，对于 2 年一遇降水，径流消减率随 DCIA 的增加变化很小，且此时 DCIA=40%时的径流消减率略小于 DCIA=30%和 50%时的径流消减率；而对于 5 年一遇和 10 年一遇的降水来说此时径流消减率随 DCIA 的变化呈现出明显变化，随 DCIA 的增加而增加。

（6）生物滞留池对降水的调控主要体现在对进入生物滞留池的水量进行下渗的能力，所以当降水条件相同时，一切有利于下渗的因素都将增强生物滞留池的调控性能，例如较大的表层土壤水力传导系数、蓄水层厚度的增加以及较大的天然土壤的水力传导系数都将增大生物滞留池的调控性能。

（7）所建生物滞留池区域的天然土壤为沙土的条件下，表层土壤为沙土或壤砂土时，除降水量和 DCIA 因素外其余参数的变动不会对生物滞留池的调控性能造成影响；表层土壤为砂壤土时，此时随着蓄水层高度和土壤层高度的增加，生物滞留池调控性能增强，但效果不明显。综合来说，当天然土壤为沙土时，此时的生物滞留池的设计应尽量考虑植物的生长需要以及经济条件的限制。

书中参考和引用了大量国内外学者的研究成果，并得到了国家自然科学基金（41401038）、河南省水环境模拟与治理重点实验室以及河南省科技厅科技创新人才支持计划（174200510020）；河南省高校科技创新团队支持计划（19IRTSTHN030）对本书出版的资助和支持。

由于变化环境下 LID 水文调控性能的研究设计水文学、土壤学、水力学等多个学科，加之作者水平有限，书中的错误和疏漏之处在所难免，恳请读者批评指正，提出宝贵意见。

作　者

2018 年 6 月

目　　录

第一章 绪 论

1.1 研究背景与意义

城市化以及全球气候变化关系到人类的生存和发展,涉及国家政治安全、社会经济与发展,人类协调与合作等一系列问题(徐光来等,2010)。城市化和气候变化改变了水文循环过程,影响着水资源系统的结构与功能,对人类水资源的开发利用带来新的挑战,并深刻影响着人类社会资源的开发、利用、规划、管理等诸多环节(Barroca *et al.*,2006;赵安周等,2013;刘家宏等,2014)。其中,因为城市化及全球气候变化所带来的最直接的关系是地表径流的增加以及强降雨事件的增多,从而使城市内涝问题更加严重(Oudin *et al.*,2018;Shukla and Gedam,2018;Sunde *et al.*,2018)。因此,在变化情境下研究城市化的水文效应,并探讨其应对措施具有重要意义。城市化的发展深刻改变了区域的水文循环过程,并对水环境产生了显著的负面影响(Schreider *et al.*,2000;Sunde *et al.*,2018;Shukla and Gedam,2018)。城市化发展通过改变城市的下垫面,将其从透水性区域转变为不透水性区域,并通过城市的热岛效应,改变了流域内降水的时空分布和降雨径流效应,这些改变与流域的水循环过程、雨洪资源的利用与调控紧密相关(Jung *et al.*,2011;Caradot *et al.*,2011)。高度发展的城市化对于城市排水系统的发展及城市产汇流理论提出了更高的要求。

在这种背景下,从城市排水系统的地表径流输送系统和城市管网排泄系统出发,通过对影响地表径流输送系统的 DCIA 以及 LID 措施的水文效应进行分析,以及管径改变对管网的输水能力模拟方面研究变化环境下的城市水文效应及其应对措施,对于城市雨洪及管网设计具有一定的理论指导意义。

一般而言,城市的排水系统一般由 3 个部分组成:地表径流输送系统、城市管网排泄系统以及地下透水性的含水层介质的排泄系统(周玉文和赵洪宾,2000)。城市内涝的发生是多因素共同作用的结果,但是,采用了较低的重现期降水以及较短的降雨资料,从而不能与气候变化所引起的暴雨的强度的变化相匹配,并导致城市排水管网的设计不符合当前状态,是其中的一个主要原因(邱兆富等,2004)。为了对这一问题进行修正,我国于 2014 年重新对原有的国家规范《室外排水设计规范》(GB50014-2006)(2011 年版)进行了修订,目前要求排水管网的设计必须遵循的设计规范是《室外排水设计规范》(GB50014-2006)(2014 年版)。为了改善这些情况,探索建立适合城市自身的暴雨强度计算公式,全国各地都积极开展了暴雨强度公式的修订工作,郑州市也不例外(张东海等，2016；王睿和徐得潜，2016；王杰等，2016；环海军等，2016；高琳等，2016；姜友蕾和陆敏博，2016；戴有学等，2017）。当暴雨强度公式修订以后，相对应的其排水管网的设计也要发生相应的变化。因此，在这种背景下，对暴雨强度公式修订后的管网的输水能力进行分析具有重要的意义，一方面可用来分析暴雨强度公式修订后对雨洪管理的启示作用，另一方面也可分析暴雨强度公式修订后的管道是否能在某一定程度上因为暴雨强度改变而带来的城市内涝问题。

对于地表径流输送系统而言，城市不透水性系数对于城市流域及水环境管理而言是非常重要的一个参数，并引起了众多学者的重视（Jambhekar and Pardya，2009；Roy et al.，2009；Han and Burian，2009；Lucas，2011；Shields and Tague，2015；Ebrahimian et al.，2016）。直接排入城市管网系统的不透水性区域的面积（Directly Connected Impervious Area，DCIA）是城市整个不透水性区域面积的重要组成部分。由于这部分不透水的面积直接与城市排泄系统相连，因此，也被称为有效的不透水性面积。DCIA 对于由于城市化所导致的水文效应问题应负主要责任。与 DCIA 相对应的一个概念总不透水性区域的面积（Total Impervious Area，TIA）。DCIA 相比 TIA 而言，是一个更能反映城市化对水文影响的指标。考虑到 DCIA 的重要性，因此，在这种背景下，开展 DCIA 和 TIA 对区域产流影响的研究具有重要理论和实践指导意义。

在雨洪管理措施方面，目前我国开展的海绵城市建设中的海绵体便是一系列具体的 LID 措施。LID 是以维持或者复制区域天然状态下的水文机制为目标，通过一系列分布式的措施创造与天然状态下功能相当的水文和土地景观，以对生态环境产生最低负面影响的设计策略。LID 的主要措施包括生物滞留池、草地渠道、植被覆盖、透水性路面等（Davis，2005；Gilroy and Mccuem，2009；Damodaram et al.，2010；Qin et al.，2013）。因此，从微观尺度研究 LID 措施在不同重现期降水下的水文调控性能具有重要意义。

在城市内涝的大背景下，本书试图从 3 个方面来寻求城市内涝问题的改善途径：①采用暴雨强度公式修订后的管网进行水动力学模拟；②采用 DCIA 代替 TIA 来表征城市区域不透水性系数，进而分析 DCIA 的应用对于城市内涝的改善作用；③微观海绵体的 LID 雨洪调控措施的水文调控性能。

1.2　国内外研究进展

1.2.1　降水时空演变特征及其机理探讨

在全球气候变暖背景下，极端降水事件增多，严重影响人们的生产生活，受到越来越多的关注。翟盘茂（2007）、杨金虎（2008）等研究认为中国极端降水事件的时间变化存在明显的区域性差异，由此根据行政划分、水文流域、气候特征分类的相关研究纷纷开展。

任国玉等（2005）利用 1951 年至 1996 年地面气象记录资料，计算了我国全年和季节降水量长期变化趋势特征指数。结果表明，我国不同地区的降水变化呈现不同的规律且一些地区的降水呈现出季节性的变化；宋连春和张存杰（2003）利用英国东安哥拉大学气候研究中心（CRU）的 Hulme 最新的 1900~1998 年的全球降水量资料，分析了 20 世纪西北地区降水量的变化特征。结果表明，20 世纪西北地区降水量处于下降通道中，后期略有回升；西北地区东部和西部降水量的年代际变化有相反的趋势；20 世纪后期西北地区中西部降水量有明显的增多趋势，东部降水量持续偏少，干旱连年发生。徐宗学和张楠（2006）简要分析了黄河流域降水空间分布规律，结果表明，对于年降水序列，有 65 个气象台站呈现下降趋势，4 月、7 月和 10 月对年降水下降趋势贡献较大，但其趋势空间分布情况存在差异。李红梅等（2008）基于中国地区 740 台站的日降水资料，细致分析了近 40 年我国东部盛夏即 7、8 月降水长期趋势和年代际变化特征。按小雨、中雨、大雨以及暴雨降水强度分类，探讨了不同强度降水在我国东部降水变化中的贡献。结果表明，中国东部地区盛夏降水变化主要受暴雨强度降水变化的影响，占总降水变化 60% 以上。此外，国外对降雨时空变化规律也开展了大量研究，如 Nicholls 等（2012）对澳大利亚的降水规律进行了研究，其结果表明，1952~2002 年的年平均降水量要显著高于 1911~1951 年的年平均降水量，且其空间变异性也发生了一定的变化；Krishnamurthy 等（2009）利用 1951~2003 年的印度日降水数据进行分析，结果表明印度大部分地区的极端降雨量和频率均有显著的变化趋势。

通过对不同国家不同地区降雨时空变化趋势的研究可以发现，世界很多地区的降雨强度出现显著增加，极端降雨事件虽有较强的区域差异，但在各地区均表现出向极端化发展的趋势。

在降水时空演变的机理分析方面，目前研究已经达成共识，普遍认为全球气候变化和城市化是导致城市降雨发生变化的重要原因。近百年来，全球气候变化已经成为一个不争的事实。在全球气候变化的背景下，各地区随之而来的气温变化和降水量波动也尤为明显，因此基于较长时间尺度的气温和降水量变化带来的气候带界线波动成为人们关注的焦点。吴福婷和符淙斌（2013）利用 477 个地面观测站上的日降水数据分析了中国整个降水强度谱在 1961~2008 年的长期变化特征。结果发现，毛毛雨整体呈现出空间一致的减少趋势，但不同区域的减少幅度存在明显差异，合成分析的结果显示全球尺度上气温和降水之间存在着准线性关系，不同强度的降水对全球性增暖的响应有所不同。吴福婷（2011）根据全球和我国的逐日降水资料以及相关的气温、湿度、云量、地表辐射、蒸发等要素的观测数据，通过分析表明，在温度升高超过一定程度时，全球尺度上的极端降水与全球气温变化之间存在定量的相关。Changnon（1981）在对 METROMEX 观测资料分析和数值模拟的基础上，指出城市对夏季中等以上强度的对流性降水的增雨效果尤其显著，并提出了城市增强降水并影响其分布的 3 种假说机制：①城市热岛效应；②城市下垫面和冠层的摩擦效应；③城市凝结核效应。虽然这 3 种城市化增加降水的机制存在不确定性，但是几十年来仍不断地出现新的研究结果支持 METROMEX 计划的研究结论（束炯，1987；李昀英等，2008；蒋维楣等，2009）。

1.2.2　城市化的水文效应

城市化的水文效应主要体现在水文机制（hydrologic regime）的改变。水文机制是一定气候条件及水文下垫面条件下的产物。水文下垫面包括地表面的岩石、土壤、植被和水域等各种要素，在城市化区域主要指对透水性和汇水过程影响较大的城市地表面。城市的快速扩张导致下垫面及地表情况发生了显著的变化，从而导致蒸发蒸腾量以及降雨-径流过程中的截流、填洼以及土壤入渗等产流和汇流过程发生了显著的变化（万荣荣和杨桂山，2004）。水文机制的改变主要体现在水量平衡的变化，洪峰流量的峰值和时间的变化、较大径流和较小径流在大小、时间及频率分布上的变化、以及水质的恶化等。

1）水量平衡的变化

除人口密度增加外，城市化的另一个显著特征是建筑物密度增加导致不透水性面积增加以及天然排泄系统向人工排泄系统的转变。不透水性面积的增加减小了降水入渗速率并显著增加了地表径流量（Paul and Mayer，2002），人工排泄系统在快速地输送径流的同时，也减少了地下水的入渗补给并增加了地表径流量（Vicars-Groening and Williams，2006）。因此，城市化对水文机制最直接的影响表现为水量平衡的变化，并主要体现在地表径流的增加、蒸发蒸腾量及地下水入渗补给量的减少（Poff et al.，1997；Sklar and Browder，1998；DeWalle et al.，2000；Kennish，2001）。研究表明（表1.1），随着不透水性表面比例的增加，地表径流呈增加趋势，而蒸发蒸腾、浅层和深层地下水入渗均呈递减趋势。自然地表覆盖的状态之下，地表径流仅占10%，地下水入渗占50%；而当不透水性面积比例为75%～100%时，地表径流占55%，入渗地下水仅占15%。

表 1.1　城市化对水量平衡的影响

水量平衡要素	蒸发蒸腾	地表径流	浅层地下水入渗	深层地下水入渗
自然地表覆盖	40%	10%	25%	25%
10%～20%不透水性表面	38%	20%	21%	21%
35%～50%不透水性表面	35%	30%	20%	15%
75%～100%不透水性表面	30%	55%	10%	5%

资料来源：Federal Interagency Stream Restoration Working Group（FISRWG），1998。

目前，国内在城市化对水量平衡影响方面的研究主要体现在利用监测手段以及模型进行分析及模拟。金云（2003）通过对监测数据进行分析，发现上海的城市化使得该市区年平均风速较郊区减小 20%～30%，无风日的天数增加了 5%～20%，从而减缓了蒸发速度，并进而减小了蒸发蒸腾量。王玉成等（2008）对不同土地利用变化对沈阳市区产流的影响进行了初步估算，结果表明 2005 年比 2001 年的径流系数增加了 58%；产流增值最大的是 2001 年，这与同期该市建设用地面积增长最快相对应，从而验证了城市化所导致的区域下垫面的变化改变了地表的入渗能力，显著增加了地表径流量。葛怡等（2003）、史培军等（2001）利用 SCS 水文模型分别对上海和深圳地区城市化引起的地表径流变化、洪峰流量以及径流系数变化进行了研究，证实了城市化所带来的土地利用变化是流域内径流发生变化的重要原因之一。王艳君等（2009）以城市化流域-秦淮河流域为例，采用 SWAT 分布式水文模型，探讨和研究了土地利用变化对水文过程的影响，结果表明，土地利用变化对流域的径流影响较大，城市化使得区域的年径流量明显增加。秦莉俐等（2005）利用 L-THIA 城市水文模型对浙江临安市南苕溪以上流域，定量分析了城市化对径流的长期影响，主要结论为在相同的雨量情况下，下垫面条件的变化是导致径流量变化的主要因素。

无论是国内还是国外的研究，均表明城市化对水量平衡产生了显著的影响。地表径流量的增加对城市的排泄系统及雨洪调控措施有了更高的要求，而入渗补给地下水量的减少也显著减小了地下水的可开采水量，从而在干旱缺水地区产生了严重的缺水问题。

2）径流在大小、频率及持续时间上的变化

地表形态的变化将导致汇流过程的加速以及水文活跃区域的增加。水文活跃区域是指在降水时间中产生径流的区域，由于城市化使得植被丧失、地表的截留能力降低，因此，相比较天然状态，水文活跃区域呈明显增长趋势。不透水性面积的增加，使得地下水入渗补给水量减小、地表径流流量增加、曼宁系数减小，人工排泄系统缩短更进一步地地缩短了汇流过程（Vicars-Groening and Williams，2006），增大了较大洪峰流量发生的频率（Arnold and Gibbons，1996；Moscrip and Montgomery，1997；Whitea and Greer，2006），使得水文曲线的形状发生了显著的变化。图 1.1 为一次典型降水事件下，天然状态及城市化后的流量过程线。

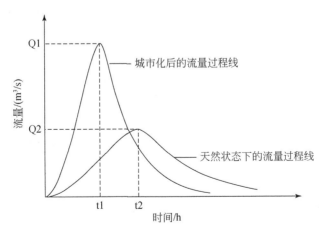

图 1.1 一次降水事件下不同发展情景的流量过程线

（据 Vicars-Groening and Williams，2006，修改）

由图 1.1 可以看出，在一次降水事件中，天然状态及城市化后的流量过程曲线发生了显著变化,主要表现为基流量减少、洪峰流量增大、到达洪峰流量时间缩短以及总地表径流流量增加。城市化后,其水文曲线上升和下降速率都大于天然地表覆盖下的速率。地表径流流量在增加的同时,也增强了其输送污染物及对天然河道侵蚀的能力。除此之外,相比较天然状态,某一洪峰流量峰值出现的频率变大,意味着洪水事件的增多。随着地下水入渗的减少,地下水位下降,因此,由地下径流向河道的基流量减少。

目前,国内在该方面的研究主要为城市化对径流系数、最大洪峰流量以及汇流时间的缩短的影响,关于频率和持续时间方面的研究相对较少。程江等(2010)采用 SCS-CN 修正模型,研究了上海城中土地利用变化对径流的影响,结果证实同等设计暴雨重现期条件下的径流系数有显著的增加。袁艺等(2003)以经历了快速城市化发展的深圳市典型小流域-布吉河流域为例,采用分布式水文模型就土地利用变化对城市化流域暴雨洪水汇流过程的影响进行了模拟,模拟结果表明,城市化通过改变土地利用形式,使得暴雨洪水的最大洪峰流量和径流量加大,汇流时间变短。郑璟等(2009)采用 SWAT 模型同样以深圳市布吉河流域为例,系统模拟了不同土地利用条件下的流域水文过程,主要理论成果为:土地利用条件的不同可导致流域水文过程发生极大的差异,并导致各水文要素的空间和年际分布特征发生改变。柳笛(2009)通过研究武汉城市化对径流的影响,得出城市化使得地表径流系数增大、洪峰流量增多、汇流时间缩短的结论。

总体而言,城市化使得洪峰流量增大,汇流时间缩短,较大洪峰流量的降水事件的频率增大,从而显著增加了洪涝灾害发生的概率,对城市防洪系统产生了巨大的压力。

3)湖泊河网衰退消亡,水质恶化

城市化后,人口增长,人类活动增加,排放的污染物明显增多,其中难降解的有机物占很大比例,超出了天然水体自净能力,恶化了水体环境,并进一步影响区域水环境。据统计,1997 年中国废污水排放量约 584 亿 t,2008 年为 758 亿 t,12 年间增加了 450 亿 t。目前中国约 80%的水域、45%的地下水、90%以上的城市水源受到污染。许有鹏等(2009)采用遥感和 GIS 为辅助手段,分析了长江三角洲地区的城市化的水文效应,发现城镇化的快速发展,改变了流域河网的形态,造成河流缩窄变短,平均河网密度和水面率下降,水质净化能力明显下降,并进而造成洪涝灾害加剧以及河流水质恶化等问题。在城市化对水质的影响方面,国外的研究相对比较深入,且主要集中在氨氮污染累积及其对生态系统的影响(Vitousek *et al.*,1997;Lee and Caporn,1998;Fenn and Poth,1999;Fenn *et al.*,2003;Meixner and Fenn,2004)、重金属(Pouyat *et al.*,2007;Bain *et al.*,2012)以及泥沙量的增加(Nelson and Booth,2002)等方面。

1.2.3　暴雨强度计算公式国内外研究现状

城市暴雨引起的城市洪水排放设计是城市功能设计的一项主要工作,也是保护人民群众生命财产安全的基本要求,是促进城镇化健康发展、建设生态文明社会的重要内容。城市建设在规划和设计时必须遵循和依据与国家城市建筑设计相关的规范要求,其排水管网系统遵循科学可靠的原则。城市雨水排水系统规划和设计的基本依据之一是城市暴雨强度的推求（杨勇，2010）。暴雨强度的变化会影响到城市排水系统的规划以及设计的合理性，使其经济效益达到最大化。可是，当前各城市使用的暴雨强度公式所收集的降雨资料年限很短，大部分属于20世纪80年代以前。除此之外，当时的城市对排水系统设计的要求不高，所以重现期往往不长，如3个月、6个月，在较大城市也不过是使用两年一遇的重现期。因此，在这种背景下，并为了响应中华人民共和国国家规范《室外排水设计规范》（GB50014-2006）（2014版），一些专家建议根据较长重现期的降雨资料，采用年最大值法重新编制暴雨强度公式，并建议采用年最大值法，从而可以更好地反映水文气象规律的周期性以及统计样本的随机性和独立性。目前，发达国家也一般采用年最大值法推求暴雨强度公式（周黔生，1995；周玉文等，2011）。

这几年来，城市化发展建设十分迅速，高楼明显增多，使城市的不透水性地面面积增大，产生了城市的热岛效应；与此同时，随着全球变暖，极端降水事件的频繁发生，强度有不断加大的趋势。《IPCC第五次评估报告》明确指出气候变暖对水循环已经产生了明显的结果，极端天气，诸如干旱、洪水等自20世纪50年代起显著增多（据联合国政府间气候变化专门委员会，2013年）。在这种情况下，对排水管道不利的短历时雨强大的降水事件所出现的频率和强度均有所增加，而我国大多数城市基础设施设计较早，并没有对这一类型的降水事件进行充分考虑，因此造成了排水管道设计能力不足，所造成的直接后果是暴雨（或强降水）过后城市内涝和积水严重（岑国平，1999）。

城市内涝的发生是多因素共同作用的结果，但是，采用了较低的重现期降水以及较短的降雨资料，从而不能与气候变化所引起的暴雨的强度的变化相匹配，并导致城市排水管网的设计不符合当前状态，是其中的一个主要原因。为了对这一问题进行修正，我国于2014年重新对原有的国家规范《室外排水设计规范》（GB50014-2006）（2011年版）进行了修订，目前要求排水管网的设计必须遵循的设计规范是《室外排水设计规范》（GB50014-2006）（2014年版）该规范明确提出，重现期的推求应该采用年最大值法，但仍存在以下问题：①现在大多城市所用的暴雨强度公式依然是年多个样法；②根据规定，城市在规划和设计排水工程时，应根据当地的暴雨强度公式计算设计排水量；③规范还要求，应充分考虑气候变化对降水量及降雨特征的影响，如影响较大，需要对暴雨强度公式进行及时修订。因此，规范使用的需要要求合理地编制当地的暴雨强度公式，对提高城市防灾减灾和防洪排涝能力也有很大帮助。

根据上述内容，因为温室效应，热岛效应，厄尔尼诺现象，降水的强度频率均有所增加，进而导致城市降雨也发生了较大变化，导致城市内涝灾害频发，严重影响了城市的正常运行，收集最新的雨量记录资料，并依据科学的方法对现有暴雨强度公式进行修订，是当下急需去做的工作。为了改善这些情况，探索建立适合城市自身的暴雨强度计算公式，全国各地都积极开展了暴雨强度公式的修订工作，郑州市也不例外。当暴雨强度公式修订以后，相对应的其排水管网的设计也要发生相应的变化。因此，在这种背景下，对暴雨强度公式修订后的管网的输水能力进行分析具有重要的意义，一方面可用来分析暴雨强度公式修订后对雨洪管理的启示作用；另一方面也可分析暴雨强度公式修订后的管道是否能在某一定程度上因为暴雨强度改变而带来的城市内涝问题。

1.2.3.1　暴雨资料的选样

有两种渠道可以获取暴雨资料，第一种是现代自动气象站的自动记录的逐分钟降雨量资料；第二种是当地的气象部门的自记纸形式记录的降雨资料。暴雨资料选样是编制暴雨强度公式的基础，暴雨资料选样方法的科学性对暴雨强度公式的精度和频率分布曲线有着直接的影响。目前，国内暴雨样本的选取方法主要有年最大值法、年超大值法、年多个样法、超定量法（郝树棠，1989；任伯帜等，2003）。由于自记雨量资料的年限较长，且可将较高重现期的降水用于排水管网设计，因此，国外发达国家在 20 世纪 70 年代已经采用年最大值法作为暴雨强度公式的选样方法，并在 90 年代开始采用年超大值法进行样本的选取（Amell et al.，1984；Falkovich et al.，2000）。在国内，由于缺乏自记雨量资料记录、计算技术相对落后，加上基础信息不够系统，因此在一定程度上限制了暴雨的选样，一般采用超定量法选样。

虽然自 20 世纪 60 年代起，根据规范要求，推荐使用年多个样法选样，但水文部门和国内气象一般选用年最大值法选样进行水文分析，主要是因为年多个样法选样的资料不仅独立性较差，在资料收集方面困难较大，除此之外，年多个样法选样的工作量大，且重现期概念与国际通行不符，这些因素均限制了年多个样法选样使用的限制。相对比，年最大值法具有选样简单、独立性好等优点，且其能够很好地与水利等部门衔接，因此，国内各城市多选用最大值法选样。80 年代中期以来，邓培德（1996）、周黔生等建议采用年最大值法选样，邵尧明（2003）进一步通过实例论证了采用年最大值法选样的优点，并认为年最大值法选样是一个趋势。最新《室外排水设计规范》（GB50014-2006）（2014版）亦将年最大值法作为推荐的取样方法（邵丹娜等，2013）。至此，在推求新的暴雨强度公式时，应采用年最大值法选样。

1.2.3.2　暴雨资料的频率调整

确定选样方法后，接下来的工作就是根据原始资料建立统计样本，并在此基础上利用各种频率分布模型计算出反映当地暴雨发生规律，并统计其降雨强度-降雨历时-重现期的关系，即 i-t-P 关系表。调整频率后的 i-t-P 数据关系表是计算暴雨强度公式的源数据，因此该表的合理可靠对暴雨强度公式的精度有着直接影响，并起着保障性、基础性作用。作为一种常用的水文频率分析方法，暴雨资料频率调整，是指选取与现有资料契合最优的频率曲线模型，从而恰当准确地反映该地区暴雨发生的规律。频率曲线模型主要用于对水文系列进行内插或外延的频率分析工具。据不完全统计，目前国内外应用的有 20 多种频率分布曲线模型（Cunnane，1989）。

各地在选取频率分布曲线模型时，一定要因地制宜，充分考虑当地的水文气象、自然地理等条件，选择依据充分、形式灵活、应用简单、易于接受的模型。表 1.2 列出了国内外在暴雨（洪水）频率分析中常采用的分布线型（Cunnane，1989）。

表 1.2 暴雨（洪水）频率分布线型表

分布线型	国家
皮尔逊Ⅲ型分布（P-Ⅲ）	中国、保加利亚、奥地利、瑞士、匈牙利、罗马尼亚、泰国、波兰
对数皮尔逊Ⅲ型分布（P-Ⅲ）	美国、澳大利亚、新西兰、墨西哥、加拿大以及南美洲一些国家
广义极值分布（GEV）	爱尔兰、英国、法国等和非洲一些国家
极值Ⅱ，极值Ⅲ型分布（EV2，EV3）	英国、法国等和非洲一些国家
两、三参数对数正太分布（LN2，LN3）	日本
极值Ⅰ型分布（EVⅠ）	德国、比利时、瑞士、土耳其
K-M 分布	俄罗斯和东欧等国

目前，国内主要采用 3 种分布模型，即皮尔逊Ⅲ型分布（P-Ⅲ）（夏宗尧等，1990，1997）、指数分布（邓培德等，1985，1992；乔华等，1996）和耿贝尔分布（Chow，1953；Schaefer *et al.*，1990）。20 世纪 50 年代，P-Ⅲ曲线在水文部门被广泛用于水文以及城市暴雨资料的统计分析。之后，指数分布模型也被用于暴雨资料的统计中。但是，具体选用哪一种分布模型用于对样本资料进行频率调整，尚未有统一的结论。周文德（1983）建议使用两参数分布线型，主要因为 P-Ⅲ曲线是三参数模型，而原始资料对偏态系数 Cs 的影响较大。顾骏强（2000）对 4 种分布模型进行对比分析，且结果表明指数分布模型具有最好的拟合效果，推荐使用指数分布模型。邵尧明（2003）基于浙江省 32 个市（县）的暴雨资料为，进行了年多个样法和年最大值法，结合 P-Ⅲ曲线、指数分布曲线、耿贝尔分布曲线推求暴雨强度公式，并进行比较分析，其结果表明基于年最大值选样和指数分布曲线推导出的暴雨强度公式相比其他组合具有最高的拟合精度。季日臣（2002）则认为指数分布只是 P-Ⅲ分布中的一个特例，其 $Cs=2$，且 P-Ⅲ分布要优于指数分布，故推荐采用 P-Ⅲ分布模型推求暴雨强度公式。

1.2.3.3 城市管网水动力学模拟

城市排水管网系统是由节点和排水管道组成的网络。在排水管网水力模拟模型中，排水管网系统通常概化成节点和排水管道连接形成的环状或树状网络系统。其中，管道用线来表示，一般为圆形管道，其他形状的沟渠，如天然或人工渠道，可以采用自定义的形状，主要作用为输送雨水。节点用来表示交叉点、雨水口、调蓄设施、检查井、泵站、管网出水口等，其主要作用为连接管线、地表雨水调蓄的作用（黄学平和柯颖，2012）。

城市排水管网的水流状态主要是非恒定流，按其压力状态分为有压非恒定流和无压非恒定流。当降雨强度较小时，排水管网中的水不能被全部充满，此时水流按照重力作用，由地势比较高的地方向地势比较低的地方流动，此时为无压非恒定流，即重力流。而当遇到短历时大暴雨时，管道内流量迅速增大并充满整个管道，可能出现非恒定压力流。当管道管径较小，排水能力不足时，检查井会开始蓄水，当检查井积水深度大于井深时，开始出现地面积水漫流。 此外，城市雨水管道系统在向下游传输径流的同时，也在不断地汇集各支管的水流，因此流量沿程不断增加，但当没有支管汇入时，沿管线和节点传输过程中峰值又会出现变动。由此可见，城市雨水管网中的水流状况非常复杂，与天然河网的汇流既有相似也有差异（柳园园等，2016）。

降雨经地表产汇流进入排水管网系统后，需经管网汇流最后排入河道、湖泊等受纳水体。管网汇流的模拟方法有多种，如水库调蓄演算法、时间漂移法，Muskingum-Cunge法、扩散波法、非线性运动波法和动力波法。目前对于管网汇流采用的数学计算模型以水动力学方法为主，其核心是求解圣维南方程组（谢莹莹，2007）。

目前，SWMM 被广泛应用于城市管网的水动力学模拟（Martínez-Solano et al.，2016；Bisht et al.，2016；Chen et al.，2017）。SWMM 模型提供恒定流法、运动波法和动力波法 3 种方法用于管道的汇流计算。其中，恒定流法假定在每一个计算时段流动都是恒定和均匀的，是最简单的汇流计算方法。运动波法可考虑管渠中水流随空间和时间发生的变化，但是在求解回水、逆流和有压流动、入口及出口损失方面仍有一定的局限性。动力波法通过求解完整的圣维南方程组来进行汇流计算，是最准确也是最复杂的方法。模型建立时，将连续性和动量平衡方程用于管道，而将水量平衡方程用于节点。

1.2.3.4　研究存在的问题

作为科学、合理地制定城市排水工程规划和设计的基础，暴雨强度公式为市政水务与规划等部门提供了科学的理论依据和准确的设计参数。目前，对我国大多数城市而言，城市排水与排涝分别属于水利和市政两个领域，在学术研究上，两者也分别属于水利学科和城市给排水学科。而一个城市的防汛工作则由两个行业来共同合作完成。为了保证城市防洪排涝的安全，两个部门各有自己的设计标准。水利部门有两种设计标准，分别是排涝标准和防洪标准。它们的重现期一般较高，防洪的标准可从一遇到最高万年一遇。而市政部门采用的是较低的重现期标准，一般只有一遇，有的甚至一年几遇。如何将两个标准统一起来仍是目前急需解决的问题。

1.2.4　DCIA 的研究进展

目前，关于 DCIA 的研究方面，在其产流的重要性方面已经取得了共识（Ladson et al.，2006；Han and Burian，2009；Hamel et al.，2013；Carmen，2014；Shields and Tague，2015；Ebrahimian et al.，2016；Hwang et al.，2017）。British Lloyd-Davies Rational Method假设直接与城市管网相连的不透水性区域的面积（DCIA）贡献了城市区域 100%的地表产流量（Heaney et al.，1977）。DCIA 目前的研究主要集中在对 DCIA 的设定方面。

城市不透水性区域面积是一个和区域具体特征相关的指标，但是其测量是比较复杂的。一般而言，人们认为城市不透水性面积比例与城市人口密度具有密切的关。Novotny和 Olem（1994）在其研究中表明，居民区的总不透水性面积比例和单位面积的管道长度具有显著的线性相关关系。Debo 和 Reese（1995）研究了一种通过 DCIA 的数值来判断区域 CN 值得方法。Schueler（1994）总结了不透水性面积比例对于城市水环境要素中的地表径流、河道形状、水质以及河道生物多样性方面的重要性。其研究表明与管道直接相连的不透水性区域往往比屋顶所代表的不透水性区域所带来的水文效应更加显著。Lee 和 Heaney（2002）对 11 个居住小区、多家庭的小区和商业区域的水文效应进行了模拟，从而更加深刻了解不透水性系数的重要性，其研究结果表明：城市不透水性区域约有 6%～70%是由直接与管道相连的不透水性区域构成的，这类不透水性区域主要由道路、人行道以及停车场组成。

随着人们对 DCIA 认识的进一步增强，Booth 和 Jackso（1997）研究了利用 TIA 来模拟水文效应的局限性。他们建议利用 DCIA 来概化区域发展特征，但与此同时强调 DCIA 的测量是相对比较复杂的。Alley 和 Veenhuis（1983）针对丹佛的一个高城市化的发展区域，建立了一个 TIA 和 DCIA 的线性关系。

Dinicola（1989）对 5 种不同的土地利用类型计算了其 TIA 和 DCIA 值，但是，他并没有直接测量 DCIA 的值，而是采用了上述公式来进行计算。Boyd（1994）等通过对多组降雨-径流的值进行分析，从而对透水性区域和不透水性区域上的径流值进行计算。他们考虑了降雨-径流的两种现象——小降雨事件所产生的不透水性区域产流以及来自透水性区域和不透水性区域面积上的全部产流。他们假设 DCIA 可以通过绘制降雨强度和径流深度的关系来进行求解。在他们的研究中，其相关系数 R^2 一般在 0.85 左右。

随着 GIS 的发展，Hoffman 和 Crawford（2001）利用详细的 GIS 数据预测不同地块的降雨-径流过程。其中，他们在 GIS 平台上采用详细的图层，包括了楼房建筑物、街道和停车坪等。一般而言，80%的居民楼和 100%的商业区楼顶和停车场直接与城市排水管网相连，并最终将 86%的居民楼和 100%的商业区楼顶的面积作为计算 DCIA。而这一成果意味着几乎所有的 TIA 都是 DCIA。

同样地，通过采用非常详细的 GIS 数据图层，Prisloe（2000）针对 Connecticut 的 4 个城市中的不透水性区域建立了一个非常精确地数据库，包括建筑物、道路、人行道以及其他不透水性区域面积。他们将其结果与采用传统方法所计算出来的 TIA 的面积进行了比较，发现在实际的不透水性面积比例和利用卫星图片所预测的不透水性面积比例是不同的。其中，对于居民区而言，预测的不透水性面积比例比实际的比例大 2%～3%，而城市化区域内，其不透水性面积比例比预测的要大 6%。值得注意的是，这一结果并不仅仅是很小的一个数字，因为实际所测得的居民区的不透水性系数仅仅只有2%～5%，而城市区域也仅有18%。而导致这一结果的根本原因是因为当采用卫星图片时，所采用的是 TIA 而不是 DCIA。

与此同时，如何降低 DCIA 对于最优化管理措施（BMPs）和低影响开发措施（LIDs）而言也是非常重要的。为了理解这些措施真正的水文调控效果，对于降雨-径流的转化要开展非常精确的研究。Goyen（2000）采用了数值模拟的方法来求解区域径流。他利用高分辨率的空间数据，包括屋顶、道路等，并采用小于 30s 的时间间隔来计算产流。他建立了 3 种不同的模型，用以区分来自不同区域的径流，其模拟结果与实测结果非常接近。因此，如果采用足够精确地的小尺度的数据，可以分析不同尺度的 DCIA 的影响，因为，不透水性区域的产流可能会流经另外一个不透水性区域，也可能会流经一个透水性的区域，从而对最终的产流造成影响。

综上所述，DCIA 的界定对于区域产流和雨洪管理措施而言都是非常重要的。

1.2.5　城市化的雨洪调控措施研究

尽管 DCIA 相比 TIA 具有更大的优势，但是，目前的 RS 和 GIS 技术在测量 DCIA 方面仍有一定的局限性，因此，目前的研究仍旧采用 TIA，而不是 DCIA（Brabec et al.，2002）。除此之外，即便 DCIA 允许区域发展的总的不透水性面积有一个更大的比例，但是，受经济发展的迫切需要，城市化所带来的不透水性面积的扩张势必超过该阈值，因此，在这种背景之下，城市管理者开始探讨利用一系列最优化管理措施—BMPs 在不减少城市不透水性面积的前提下，减缓或者改善由于城市的不透水性面积所带来的环境问题。BMPs 最初的设计目的为通过增加城市区域的雨洪储量、降低径流的汇流速率来达到改善城市化对环境的负面影响，其主要措施包括截留池、入渗带等（Dauber，2005）。虽然一些 BMPs 措施被证实具有显著的污染物移除功效及洪峰消减功能，但是，在高度城市化的区域，用以修建 BMPs 措施的面积往往很有限；除此之外，近十年来的研究表明 BMPs 虽然也可以减小洪峰流量，并达到污染物移除的目的，但是，作为一种终端的雨洪调控措施，在恢复天然的水文机制方面仍然具有负面的作用（Paul and Mayer，2002），而水文机制的破坏对生态环境会产生负面的影响。因此，在这种背景之下，LID 便应运而生。

低影响发展（Low Impact Development，LID）是以维持或者复制区域天然状态下的水文机制为目标，通过一系列分布式的措施创造与天然状态下功能相当的水文和土地景观，以对生态环境产生最低负面影响的设计策略（Prince George's County，2000）。LID 的主要措施包括生物滞留池、草地渠道、植被覆盖、透水性路面等。LID 相比 BMPs 具有更大的灵活性，无论是停车场、居民区和商业区草坪、屋顶等均可以用来修建 LID。除此之外，与 BMPs 不同，LID 是一种在源头上对径流从流量和水质方面进行调控，从而达到恢复天然状态下水文机制的目的。因此，作为目前城市雨洪调控措施的最新研究成果，LID 被认为能够解决由城市化以及传统的雨洪资源排泄及输送系统所带来的水资源及生态问题。但是，LID 是否是一种真正可以实现对生态环境低影响的雨洪调控措施，是人们目前最关心的问题，而解决这个问题唯一的方法是利用长期的实地监测数据对 LID 的各项性能进行分析与评价。

1.3　研　究　内　容

在城市内涝的大背景下，本书试图从 3 个方面来寻求城市内涝问题的改善途径：①采用暴雨强度公式修订后的管网进行水动力学模拟；②采用 DCIA 代替 TIA 来表征城市区域不透水性系数，进而分析 DCIA 的应用对于城市内涝的改善作用；③微观海绵体的 LID 雨洪调控措施的水文调控性能。本书的主要研究内容如下：

（1）采用滑动平均法、M-K 参数检验法，对研究区 1951～2017 年的降水资料进行了统计分析，从而为管网设计、水文分析等提供理论基础。

（2）采用历时资料，对郑州市暴雨强度公式进行了修订，并将修订后的公式应用于城市管径的推求，在此基础上，通过建立水动力学模型对研究区的水动力学现状进行模拟。

（3）对 DCIA 和 TIA 两种情形下的地表产流进行模拟，论证 DCIA 的重要性。

（4）通过对研究区各调控措施建立 SWMM 模型模拟其雨洪调控性能，并利用洪峰流量消减率、入渗补给比例以及流量过程曲线来分析各调控措施基于不同重现期降水事件的水文调控性能；

（5）利用基于 SWMM 的生物滞留池模拟模型，分析了在研究区内通过改变生物滞留池不同设计参数的 729 种情景模拟情况。通过控制变量法进行比较并进而分析了各个因子对生物滞留池调控性能的影响。

第二章 基于 LID 的雨洪调控措施

低影响发展（Low Impact Development，LID）作为新兴的雨洪调控措施，从根本上改变了传统雨洪资源调控的理念，通过一系列分布在整个区域上的措施从源头上对雨洪进行调控，可以使径流在大小及频率方面恢复到该区域开发前自然状态下的水平。这一理念在西方国家得到了普遍认可，其措施逐渐在美国、澳大利亚及欧洲各国得以传承和发展。目前，我国正在建设的海绵城市，其中一项很重要的内容便是利用 LID 的设计理念，对雨水进行调控。基于此，本章在对 LID 介绍的基础上，通过利用 SWMM 建立模型，对 LID 的 3 种典型的雨洪调控措施的调控性能进行模拟分析，从而为海绵城市建设提供理论参考。

2.1 LID 的产生背景

自 20 世纪 70 年代以来，雨洪资源调控的目标经历了避免城市雨洪对财产的损害、减少泥沙沉积对河道的侵蚀及河道的稳定、改善城市径流中的污染对下游河道生态环境的影响等。

对于城市雨洪资源的管理与调控来说，LID 是一个相对新兴的概念。LID 最早由位于美国马里兰州的普润丝·乔治县于 20 世纪 90 年代提出。与传统雨洪调控措施相比，LID 最大的区别在于通过一系列分布在整个区域的措施从源头上对径流进行调控，除此之外，LID 亦可将坡度平缓的区域、截流洼地等具备径流调控功能的土地景观纳入雨洪调控系统中，是一种功能性的、实地的设计。

2.2 LID 的设计目标

LID 的设计目标是能够维持或恢复区域开发前，即天然状态下的水文机制。水文机制主要表现在径流的大小、频率、到达洪峰流量的时间、较大径流时间占总径流时间的比例等，是一种复杂的形态，涉及径流的各个方面。LID 主要通过以下技术措施实现恢复天然状态下水文机制的目标。

（1）最大限度地降低雨洪径流对城市的影响。现有的 LID 技术主要包括降低城市的不透水性面积、保护天然自然资源和生态环境、维持天然的排泄河道、减少排泄管道的应用等。研究表明，城市不透水性面积的增长，直接改变了城市的下垫面条件，也是导致水文循环机制改变最主要的原因。因此，通过降低城市的不透水面积比例，可以增加径流对地下水的入渗补给、改变径流路径，从而在径流量大小、频率及时间上对雨洪资源进行调控。

（2）通过一系列的截流、滞流等径流调控措施使得径流均匀地分布在整个区域，消减其集中性，维持天然状态下径流的汇流时间，并对排泄量进行调控。天然状态下的径流呈现分布式的状态，一部分降水直接入渗补给地下水；另一部分形成径流，汇流时间长。LID 通过一系列的截流、滞留等措施在延长径流路径的同时，增加对地下水的入渗补给，延长汇流时间。这些分布式的调控措施可以使得径流均匀地分布在整个区域，可降低径流的集中性，减小洪峰流量，延长汇流时间，从而在径流量的大小、频率及时间方面恢复天然状态下的水文循环机制。

（3）实施有效的公众培训，鼓励土地拥有者利用污染控制措施并保护现有具备水文调控功能性的土地景观。该措施是通过公众的力量，鼓励对具备水文调控功能的土地景观进行保护，从而实现土地景观对径流的调控作用。

2.3　LID 的设计理念

LID 不仅仅是一系列雨洪调控措施的简称，而且是一种设计理念，它融合了经济、环境、发展等元素，是一种基于经济及生态环境可持续发展的设计策略。根据美国 LID 研究中心的建议，LID 的设计理念包括以下几个方面：

（1）为地表水体的生态环境保护提供一种先进的技术及有效的经济机制；

（2）为雨洪资源管理引进新的理念、技术和目标，如土地景观的微观性及功能性；最大限度地减少水文机制变化对河道生态环境的影响或者恢复天然状态下的水文机制；维护下游河道及水生生物物种的完整性，从而发展具有生态功效的实地雨洪资源管理措施；

（3）从经济、生态环境及技术可行性方面探讨雨洪调控措施及其他调控措施的合理性；

（4）促进公众在生态环境教育及保护方面的参与。

区别于传统的雨洪调控措施，LID 从源头上对径流进行调控，并提供了一种创造性的、生态的、经济的、分布式的雨洪调控措施。

2.4　LID 的主要措施

2.4.1　截流池

1）截流池的构造

滞留池是暂时存放雨水，再以一定流量排向市政管道的蓄流装置。由于滞留池造价低廉、施工简便，在美国及世界各地被广泛用于解决城市雨水问题。滞留池通过利用出流设施对径流进行短时间的滞留（一般为 24~48h）及排放，从而达到削减洪峰和降解及沉淀污染物的作用。其出流设施一般为孔、堰等，其形状、尺寸及位置决定着出流量的大小。其中，洪峰消减的目标一般为滞留池所调控区域城市化前的洪峰流量。一般来说，滞留池最大可以调控重现期为 100 年的暴雨。

2）应用实例

截流池从功能上可以分为三大类：①利用低凹地、池塘、湿地、人工池塘等收集调蓄雨水。雨水汇入调蓄池之前应该进行必要的截污处理，再充分利用调蓄池内的水生植物如芦苇、菖蒲、睡莲、水葱等和其他生物资源对集蓄的雨水进行净化处理，防止水质恶化，保持良好的生态景观效果。②将其建成与市民生活相关的设施，如利用凹地建成城市小公园、绿地、停车场、网球场、儿童游乐场和市民休闲锻炼场所等，这些场所的底部一般都采用渗水的材料，当暴雨来临时可以暂时将高峰流量贮存在其中，并作为一种渗透塘，暴雨过后，雨水继续下渗或外排，并且设计在一定时间（如 48h 或更短的时间）内完全放空，这种雨水调蓄设施多数时间处于无水状态，可以用作多功能场所。③在地下建设大口径的雨水调蓄管。图 2.1 为截流池的应用实例。

图 2.1　截流池实景

3）调控机理

截流池，也被称为雨水调蓄池，是雨水调节和雨水储存的总称。传统意义上雨水调节的主要目的是削减洪峰流量。雨水储存的主要目的是为了满足雨水利用的要求而设置的雨水暂存空间，待暴雨过后将其中的雨水加以净化，慢慢使用。雨季时，雨水调蓄池能充分体现可持续发展的思想，以调蓄暴雨峰流量为核心，把排洪减涝、雨洪利用与城市的景观、生态环境和城市其他一些社会功能更好地结合，有效解决城市内涝问题；旱季时，还可以将污水处理厂经深度处理之后的污水暂时贮存在雨水调蓄池中，以解决市政用水。水的需求。

2.4.2　透水性路面

1）构造及污染物移除功效

透水性路面（permeable pavements）是采用透水性较好的材料，如多孔性混凝土等所铺设的路面。典型的透水性混凝图的剖面如图 2.2 所示。透水路面性材料使得暴雨径流很快地入渗到下一层的土壤中，在交通量不大的地区最为适宜，如停车场或者人行道。传统混凝土路面与透水性混凝土路面雨水入渗情况的对比结果表明，传统混凝土路面积水明显，而透水性路面基本没有积水。但是，透水性材料相对于传统的路面铺设材料来说较为昂贵，其造价大约为传统材料的 4 倍。根据施工材料的不同，透水性路面对污染物的移除功效亦不同。以重金属为例，沥青铺设的透水性路面移除率在 23%～59%；水泥透水性路面的移除率为 62%～84%；多孔性混凝土路面污染物的移除率为 75%～92%。在总悬浮物的移除方面，多孔性混凝土路面污染物的移除率相对其他两种亦比较高（Booth and Leavitt，1999；Rushton，2001）。

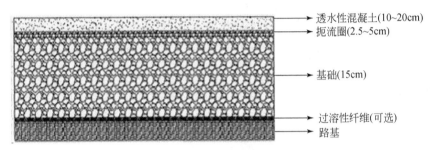

图 2.2 典型透水性混凝土的剖面示意图

2）应用实例

图 2.3 为美国 Villanova 大学在 Bartley Hall 修建的透水性路面，清楚显示了传统混凝土路面（上）与多孔性混凝土路面（下）雨水入渗情况的对比：传统混凝土路面积水明显，而多孔性混凝土铺设的路面（透水性路面）基本没有积水。透水性路面可以应用于停车场、人行道，对排水不便的道路是最为理想的调控方式。由于透水性路面主要用来增加对地下水的入渗，减小地表径流，因此在水质方面的效应研究尚少。

图 2.3 透水性路面实景

3）调控机理

透水性路面是一种典型的通过降低城市不透水性面积的比例从而对径流进行调控的 LID 的雨洪调控措施。具备适宜面积的透水性路面，不但可以使自身的降水径流快速地入渗，而且也可以对来自于邻近区域的降水径流进行入渗，因此，透水性路面以及经透水性路面调控径流的相邻区域均可认为是透水性的区域，从而降低了城市不透水性面积的比例。此外，透水性路面对排水不便的道路或者区域来说，是最为理想的雨洪调控方式。

2.4.3　生物滞留池

1）生物滞留池构造及污染物移除功效

生物滞留池（bioretention），又称雨水花园（rain garden），或者生物入渗池（bio-infiltration）。一般修建于流域上游，通过利用植物、微生物和土壤的化学、生物及物理特性进行污染物的移除，从而达到水量和水质调控目的（Asleson *et al.*，2009）。生物滞留池的结构如图 2.4 所示，一般由 6 个部分组成，各部分有不同的功能或作用。

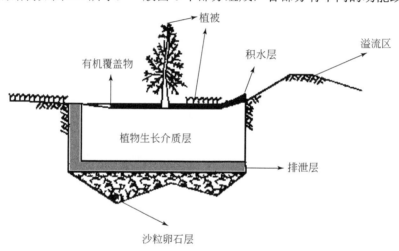

图 2.4　生物滞留池结构示意图

（1）草地缓冲带。草地缓冲带用来降低径流的速度，并同时过滤径流中存在的大颗粒子。

（2）有机覆盖层。通过为有机物提供生长的介质从而达到降解污染物的目的，与此同时，它还用来过滤污染物并防止侵蚀的发生。

（3）植物生长介质层。用来提供径流的贮存以及被植物吸收的氮等元素。同时，植物生长层可包括一些黏土，从而起到吸收一些污染物的目的，如碳氢化合物、重金属、氨氮等。

（4）植被。通过蒸发蒸腾减少调节径流量，并通过与外界的氮循环降解污染物。

（5）排泄层。通过排泄层内的带孔的管道与外界排水系统相连。

（6）沙砾卵石层。沙砾卵石层主要是用来储存排泄层下泄的径流。

由图 2.4 可知，生物滞留池的结构决定了其在污染物的移除方面具备显著的功效（Hsieh *et al.*，2007），根据美国生态环境保护署的研究，生物滞留池在污染物移除方面的成效如表 2.1 所示生物滞留池对重金属、悬浮物、有机物及细菌的移除可以达到 90%以上，是一种非常有效的污染处理措施。

表 2.1　生物滞留池的污染物移除成效

污染物	移除比例
磷	70%～83%
重金	93%～98%
氮	68%～80%
悬浮物	90%
有机物	90%
细菌	90%

生物滞留池的应用不但可以对径流从水量及水质两方面进行有效的调控，同时，还可以起到美化及绿化环境的作用。将生物滞留池纳入城市景观的规划，对城市的建设及暴雨调控均可以节约大量的成本，可谓是一举两得。在设计上，可采用一种简单地与当地的实际情况与地形相结合的设计方式，对径流实行入渗和储存。

2）应用实例

生物滞留池是 LID 所有措施中应用最广泛、研究最深入的一种措施（Prince George's County，2009）。生物滞留池在居民区、街道及停车场均有广泛的应用。如图 2.5 所示，左图为密歇根州某一居民在自己的庭院中所设置的小型生物滞留池，通过该生物滞留池，来自该户以及其邻居屋顶等不透水性区域的雨水可通过生物滞留池得以调控，进而进入街道排水系统。中图为澳大利亚墨尔本的某条街道上所设置的生物滞留池，右图为位于美国马里兰州某商业区停车场的生物滞留池。街道、停车场及商业区是城市化最重要的不透水性区域，因此，对这些区域设置生物滞留池，可以在径流汇集之前进行水量和水质的调控。

图 2.5　生物滞留池实景

3）调控机理

生物滞留池是一种典型分布式 LID 雨洪调控措施，其占地面积小，且可以起到美观和绿化环境的作用，因此可方便地在城市中的停车场、商业区等不透水性系数极高的区域修建，实时实地地对径流进行调控。除此之外，生物滞留池在居民区、街道等也得以广泛应用。这种实时地的径流调控措施旨在切断城市不透水性区域的连接性，降低径流的集中性、延长径流路径，增加汇流时间，从而可以增加地下水的入渗、并对地表径流在大小、频率及时间方面进行调控。生物滞留池可依径流调控目标而设计，通过对区域天然状态下的水文径流进行模拟，并将其作为生物滞留池调控的依据，从而可以使研究区在生物滞留池调控后恢复或者接近天然状态下的水文机制。

综上所述，LID 的调控措施主要是通过分布式的雨洪调控措施降低区域不透水性表面的面积，延长径流路径、增加汇流时间等来改变径流的大小、频率、持续时间，与此同时改善水质，从而使其水文机制与区域天然状态下的水文机制相类似，以维持下游河道生态环境功能的整体性，并促进地表水体生态环境的保护、发展具备生态功效的实地雨洪资源管理措施。LID 的其他措施包括保护生物敏感地带，如河岸、湿地、陡坡、成熟树木、冲积平原、森林及高透水性的区域等，尽量使其处于不被扰动的天然状态。

在对研究区地形及已有资料进行分析的基础上，并对各 LID 措施适宜修建的地形、土壤条件等进行对比分析，确定生物滞留池是研究区内最适宜修建的 LID 措施，因此，本书将选取生物滞留池作为 LID 措施的代表，分析其生态水文效应。

2.5　LID 的设计方法、效果监测及模型模拟

自 2006 年在美国马里兰州首次召开主题为"美国 LID 的发展"会议以来，LID 在美国逐渐成为研究的热点并在各州得以普及。随着 2008 年第一次国际性的 LID 会议在美国华盛顿西雅图召开，LID 的研究越来越深入，LID 在实际应用、设计方法、性能监测、模型模拟、流域恢复、培训推广以及与可持续发展的关系等方面得到了深入的研究并取得了显著的成效。目前，LID 技术在国内处于起步探索阶段，尚未形成完善的理论和技术体系（王建龙等，2009）。

2.5.1　设计方法

作为一种新兴的雨洪调控措施，LID 的设计方法也因地而异，但根据普润丝·乔治县的观点，LID 的设计应遵循以下原则：①依据当地的水文要素构思设计的整体框架；②从微观角度考虑设计方法；③从源头上进行控制；④采用非建筑的、便捷的设计方法；⑤构建多功能性的土地景观。

随着 LID 在美国以及欧洲各国逐渐成为研究的热点，依据当地不同的自然地理条件，各种各样的设计表格及设计软件也被逐渐开发并得到应用。其中，研究较多且应用最广泛的是生物滞留池。生物滞留池的设计方法包括径流频谱分析法、随机法、不透水

比例控制法等,这些方法均是以水文要素为设计目标及整体框架。以美国为例,美国 12 个州已经研制出适合该州具体条件的生物滞留池的设计方法。关于其他各项 LID 调控措施的具体的设计方法,目前的研究尚少,可以查到的研究文献也不多。

2.5.2　LID 效果的监测

目前,利用监测数据是评价 LID 性能应用最广泛的方法,主要利用 LID 处理前及处理后样本进行对比分析。评价 LID 性能的方法包括:

（1）实地调查:是一种简单的 LID 调控措施的观察,如生物滞留池或者绿色屋顶的积水深度等。与此同时,实地调查也可以提供直观的关于进水和出口措施的运行状况、植被的生长情况、土壤质地的水力问题等。

（2）入渗性能及系统径流测试:通过一系的试验来判断 LID 的饱和入渗速率;对被测试的 LID 调控措施应用人工合成的暴雨径流,判断 LID 的入渗情况。

（3）监测:对 LID 的监测工作往往是比较困难的,因为监测不仅需要大量的时间和精力,而且结果的不确定性往往也会影响监测的效果。例如,一个典型的为期 1~2 年的监测成本几乎超过了建造一个小型的生物滞留池的成本。因此,选择合适的技术进行性能监测是目前研究关键问题。关于 LID 在水质及水文性能监测方面的研究主要是以样本抽查、实验手段为主,利用 LID 长期监测资料进行性能评价的研究尚不多见,一方面是因为长期监测的成本很高;另一方面,LID 在很多国家刚刚开始实施。因此,关于 LID 是否可以真正地实现对生态环境 LID 的性能监测仍需更进一步的研究。

2.6　LID 的优点及局限性

任何一种新兴事物的发展必然伴随着其优点与局限性,其优点将使该新兴事物不断向前发展,而局限性在限制其发展的同时,也孕育着新的突破,LID 也不例外。

生态环境保护功能是 LID 最显著的优点。自 20 世纪 90 年代由于城市化扩张所造成的水文机制的改变而导致河道生态环境恶化成为共识以来,人们便开始探讨能够恢复天然状态下水文机制的雨洪调控措施,而 LID 正是在这种背景下应运而生的。如今,大部分发展中地区面对城市扩张的问题,而城市的扩张要占用大量的绿色区域,如草地、森林等,同时扩张的城市区域也增加了生态敏感区域的压力。LID 强调对生态环境的保护,与此同时,LID 还为城市区域的污染控制提供了可能。总体而言,对于发达城市,LID 调控措施可以通过生物滞留池、绿色屋顶等措施降低城市的不透水性比例;对于正在发展中的城市,LID 强调对绿色区域的保护,提倡利用天然的排水渠道,将 LID 与当地发展政策相结合,以在实现发展的同时,达到对生态环境的保护,对天然状态下的水文机制造成较小的扰动,从而实现真正的低影响发展。相对传统雨洪调控措施,LID 在生态环境保护方面具有无可比拟的优越性,除此之外,LID 耗费小,而低成本不仅对雨洪资源调控工程的建设十分重要,同时对于长期的维护及其整个周期亦有重要的作用。

尽管 LID 具备生态环境保护等诸多优点，但是，随着对 LID 研究的逐渐深入，人们也逐渐认识到 LID 的局限性。根据对现有 LID 文献的综合分析表明，LID 主要受技术问题、气候要素、政策法规及公众培训与维护以及成本计算等因素的限制。其中，技术问题是 LID 受限制的最主要因素。技术问题主要包括两个层面：①选用何种最经济及最合理的 LID 调控措施来实现其雨洪资源调控、水质调控等目标；②如何对所选用的 LID 调控措施的各项要素进行设计，而其设计要素涉及设计目标、研究区降水系列、地形条件、土壤要素以及模型模拟等诸多因素。LID 受气候要素的限制主要体现在两个方面，降水特征和极端气候。降水特征的不同决定了修建何种 LID 调控措施最为理想以及 LID 的规模，而极端气候，如在极端寒冷地区，LID 的维护是最主要的问题。除此之外，由于 LID 是一种新兴的理念与措施，因此当地的政策法规可能与 LID 的实施原则在认识上产生矛盾，而这些政策法规将直接限制 LID 的发展。另外，人们对 LID 了解甚少，因此，公众培训以及 LID 的后期维护与管理也是一个主要的问题。目前尚缺乏对 LID 各项措施使用寿命期的成本计算数据及计算工具，故限制了有效的 LID 成本与效益分析，而成本与效益分析可以增强人们实施 LID 的信心与决心。

2.7　LID 调控性能的模型模拟

由于实地的长期监测资料不易获得，因此，利用模型模拟 LID 长期的性能便成为一种研究趋势。评价 LID 性能的模型必须能够准确代表区域城市化开发前后的实际情况，而目前只有少量的模型或者软件能够模拟区域开发前后的水文机制。由于对开发前的 LID 模型难以进行校核，因此，LID 的模拟需要一种能够对参数进行预先估计的物理模型。除此之外，模型还要能够进行长序列的分析，并能适用于特定的时间间隔。在开发前及实施 LID 的区域，模型还要能够模拟径流入渗以及地下水的运动，从而对土壤含水量进行准确的估计。由于 LID 广泛分布的特性，相对其他径流模拟模型，LID 要求有较高的精度。由于径流往往是从不透水性的区域流向透水性的区域，或者从透水性的区域流向不透水性的区域，这种土地利用性质变化的频繁性要求模型能够较好地模拟径流。因此，LID 的模拟模型应满足以下几点要求：①模型应该是基于物理机制的模型；②模型应该提供特定的时间精度；③模型能够模拟不同的土地利用情况。目前对 LID 的模拟软件最常用的是 EPA SWMM 以及 Hydro CAD，而以 SWMM 最为广泛。

为了对上述各 LID 措施的雨洪调控性能进行研究，本章以某停车场为研究区，通过 SWMM 建立模型，并分别假设该研究区内的 LID 措施分别为截流池、透水性路面和生物滞留池时，对径流的调控性能。其中，雨洪调控性能的分析考虑了重现期为 2 年、5 年和 10 年，历时为 24h 的降水，其降水量分别为 62.86mm、80.79mm 和 94.35mm，雨型为 SCSII 型分布。

2.7.1　SWMM 简介

EPA SWMMl（Storm Water Management Model，SWMM）是一个基于单个降水事件或者长期降水序列的降水—径流模拟软件，主要用于对城市发展区域的水量或水质进行动态模拟。SWMM 通过一系列能够接收降水的子区域作为径流或者污染物的来源，并通过传输系统，如管道、渠道、储存/处理设施、泵及调节器等来实现水文、水力以及水质方面的模拟，并能以多种形式对结果进行输出。在一次模拟过程中，SWMM 可以实时地记录每个子区域以及管道系统的径流流量、污染物产量、径流速度和径流深度。

SWMM 首次被美国环境署（EPA）于 1971 年提出，其后经历了几次完善和升级。如今，SWMM 已在全世界范围内被广泛用于城市暴雨径流、排水管道系统、流域规划等的模拟、分析和设计中（Peterson *et al.*，2006；Abi Aad and Suidan，2010），并逐渐在非城市区域得到应用（Jennifer，2008）。

2.7.1.1　SWMM 的主要功能

SWMM 能够模拟城市区域产生径流的各种水文过程，主要包括：随时间变化的降水、地表水量的蒸发、降雪的累积和融化、地表截流、非饱和土壤的入渗、地下水的入渗补给、地下水和排泄系统之间的径流的转化、基于非线性水库的地表径流的模拟等。

通过把研究区划分为一系列小的子区域，且每个子区域有不同的透水性面积和不透水性面积及不同的空间特征，SWMM 可以实现其在空间模拟上的差异性。地表径流在各个子区域间、甚至在排水及输送径流的系统间可以得以进一步的模拟。与此同时，SWMM 还包含了能对地表径流和排水输送系统中的径流进行水力模拟的元素，如管道、渠道、储存\处理措施以及分流设施等。这些要素的性能包括：①无限地处理区域的径流输送及排泄系统网络；②通过一系列封闭的或者开放的排水管道来模拟天然状态下的输水渠道或者河流等；③模拟特殊的水力设施，如储存-处理设施、分流实施、泵、堰以及出水孔等；④实现对地表径流的外部径流和水质的输入、地下水水流的互相流动、独立的降水入渗或者径流输入、干旱天气下的生活用水以及用户自定义的径流等；⑤模拟不同的径流机制，如回水、淹没水流、反向流以及地表积水等；⑥利用用户自定义的动态的控制规则来控制泵、孔的开放及开放程度以及堰的形状等。

除了模拟径流的产生及输送外，SWMM 还可用于对径流中的污染物运移进行模拟。SWMM 可以模拟以下任何一种情景下用户自定义的污染物，且污染物的种类不受限制：①不同土地利用类型干旱天气下污染物的累积过程；②不同土地利用类型在降水事件过程中的冲刷作用；③街道清洁作用下，污染物在干旱天气下累积量的减少；④经 BMPs或者 LID 处理后，污染物浓度的变化；⑤干旱天气下进入污水处理系统的污染物以及排水系统中外部径流所携带的污染物；⑥排泄系统中污染物的路径；以及⑦处理措施或者天然状态下的污染物浓度的变化。

2.7.1.2　SWMM 的应用

由于其强大的功能，SWMM 目前已经在世界范围内得到了的广泛应用，这些应用主要包括以下几个方面：①对洪水进行控制的城市排水系统的设计和计算；②洪水控制和水质保护的各项 BMPs 调控措施的设计和计算；③径流及入渗对城市废污水排泄系统的影响评价；④污染排泄量有要求地区的非点源污染的计算；⑤BMPs 或 LID 调控措施对流域的水文效应和生态水文效应的评价。

2.7.1.3　SWMM 要素及输入参数

SWMM 的界面如图 2.6 所示。

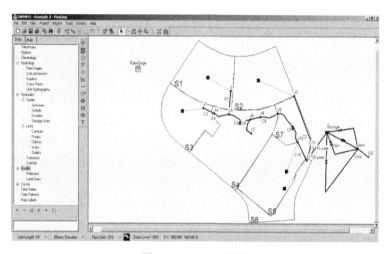

图 2.6　SWMM 界面

SWMM 通过以下 4 个环境要素来实现如上所述的各项功能（Rossman，2009）。SWMM 要求用户建立一个概念性的包括区域、节点、连接的网络系统，并且定义降水和地下水的特征参数。通过这些要素，SWMM 可以实现区域径流的产生以及污染物的累积、冲刷等过程的模拟。这 4 个要素包括：

（1）气象要素。SWMM 通过雨量站（rain gage）获取降水系列（单个降水事件或者长期降水序列）直接作用于其子区域，除此之外，其他气象要素还包括：温度、蒸发、风速等。气象要素的界面如图 2.7 所示。

（2）地表要素。地表要素在 SWMM 中的表达方式为子区域（subcatchment），如图 2.6 所示的 S1～S7。每个子区域可以直接接受来自雨量站的降水或者其他环境要素的信息，并将径流分为两个部分：地表径流和入渗。地表要素所涉及的参数包括区域面积、区域不透水性系数、区域宽度、区域坡度、透水性区域的积水深度及曼宁系数、不透水性区域的积水深度及曼宁系数、所采用的入渗方法以及其参数等。地表要素界面如图 2.8 所示。

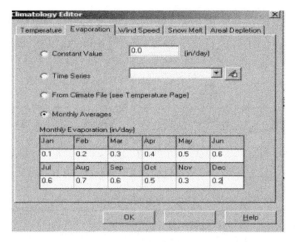

图 2.7 SWMM 的气象要素界面

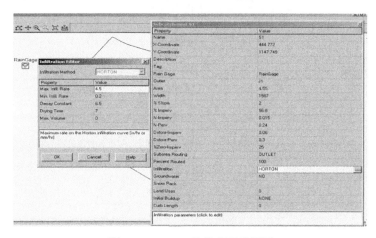

图 2.8 SWMM 的地表要素界面

（3）含水层要素。利用 SWMM 的含水层（aquifers），可以模拟地下水与排水系统之间的互相影响以及基流量等，含水层所包含的参数如图 2.9 所示。

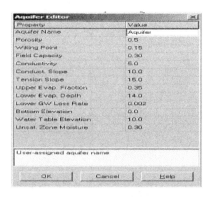

图 2.9 含水层要素界面

（4）传输要素。传输要素主要指水力要素，用来对地表径流和地下水及基流起传送及储存的作用，如图 2.6 所示的 J1—J11、C1—C11、OUT、O2 等。SWMM 中的传输要素如表 2.2 所示。

表 2.2　SWMM 的传输要素

水力要素类型	名称	标志	功能
节点	结点	○	结点用以联结不同的管道。一般来讲，结点可以代表天然渠道的汇合点、污水处理系统中污水汇入点或者仅仅用以联结不同的管道等
	分配点	◇	分配点用来将系统中的径流量以用户自定义的方式分流给一个特定的管道
	储存设施	▱	储存设施在 SWMM 用来储存径流量，它既可以模拟一个小的汇水区域，又能模拟一个湖泊，或者其他储水要素
	出口	▽	出口是一个排水系统的终结点，用来模拟区域的出口。每个出口只能对应一个单独的连接
连接	管道	⊢	管道是用来将水流从一个节点传送到另外一个节点或者模拟传送系统的管道或渠道等。其切面形状可为一系列标准的形状，也可为用户自定义的不规则形状，从而可以对天然河道进行模拟
	泵	↻	泵的主要用途主要是提高水的高程
	孔	⊙	孔的作用是用来模拟出口或者排泄系统的分流设施
	堰	◁	堰的作用同孔，只是其分流机理不同
	出口	⊠	出口主要用以对 SWMM 储存设施的出流进行控制。用户可以自定义一系列的水头-流量关系曲线来模拟不同水头下，由储存设施所流出的水量。出口的特殊功能是孔和堰不具备的

2.7.1.4　SWMM 模拟原理

1）区域径流计算

图 2.10 为 SWMM 模型径流形成的示意图。

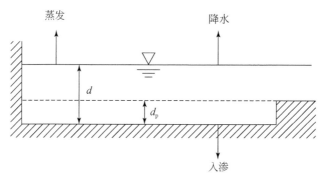

图 2.10　SWMM 模型径流的形成示意图

SWMM 在水流连续性方程及曼宁公式的基础上，通过建立一个非线性水库来模拟径流的形成过程。模拟水库的连续性方程如下

$$\frac{\mathrm{d}V}{\mathrm{d}t} = A\frac{\mathrm{d}d}{\mathrm{d}t} = A \times i^* - Q \quad (2.1)$$

式中，$V = A \times d$ 为表面水量，m^3；d 为水深，m；t 为时间，s；A 为面积，m^2；i^* 为降水强度减去蒸发和入渗强度，$\mathrm{m/s}$；Q 为流出水量（径流量），m^3/s；

利用曼宁公式计算流出水量

$$Q = \frac{W}{n} \times (d - d_\mathrm{p})^{\frac{5}{3}} S^{\frac{1}{2}} \quad (2.2)$$

式中，W 为流域宽度，m；n 为曼宁系数，无量纲；d_p 为区域的可积水深度，m；S 为流域坡度，无量纲。

2）径流路径

当子区域产生径流后，径流要由一个子区域流向另外一个子区域，或者流入由管道或渠道所构成的排泄系统。SWMM 径流路径的研究方法包括稳定流法、动态波法和 Kinematic 法等。

（1）稳定流。是所有方法中最简单的方法，采用该方法对径流进行转化时，进入到连接要素中的流量曲线与流出的流量曲线在时间及形状上没有任何改变。该方法采用曼宁公式将流量与水深联系起来。

（2）动态波法。可完整地求解圣维南方程和动量方程，除此之外，当实际流量超过曼宁方程所允许的最大水量时，动态波法可以对连接要素的储存水量和回水进行计算。

（3）Kinematic 法。对每一个水力要素的连接利用连续性方程和简化的动量方程进行求解。通过连接的最大流量为水深最大时利用曼宁公式所求得的值。超出该值的流量要么被系统自动消除，要么在连接的进口积累，并当连接的容量允许时进行再次分配。该方法允许进入连接要素的径流曲线和流出的径流曲线在形状上有所改变并在时间上延后。

考虑到 Kinematic 法的优点，本书采用 Kinematic 法对径流路径进行模拟。

3）入渗和蒸发

SWMM 利用 Horton、Green-Ampt 和 Curve Number 3 种入渗模型实现区域降水的入渗。最新的 SWMM 版本中，储存池和子区域一样，可以通过以上 3 种方式来模拟入渗。对于所有的子区域或者其节点来说，蒸发的模拟主要是通过采用一个蒸发常数、蒸发量与时间的关系曲线或者月平均值来实现，并可直接应用于子区域的水量平衡方程中，应用于节点时，则直接扣除该部分水量。

2.7.2 SWMM 模型建立

对各调控措施的调控性能进行分析需要将其与区域没有采取任何调控措施情景下的结果进行对比，因此，针对研究区拟模拟的雨洪调控措施，共设定 5 种情景，分别为

发展后无调控措施、截留池、透水性路面和生物滞留池。其中，滞留池和透水性路面用来描述 BMP 措施，而透水性路面和生物滞留池为 LID 措施的典型代表。各模拟情景的具体描述如下：

（1）发展无调控：对现状下不采取任何雨洪调控措施的研究区进行模拟。其中，研究区为高密度的商业区域，不透水性系数为 86%。

（2）截留池：在该种情景下，研究区的产流最后汇到位于 BMPs/LID 区的截留池中。截留池是一种典型的暂时存放雨水，再以一定流量排向市政排泄管道的蓄流装置。在本书中，截留池采取其典型设计，即在 48h 内能流出重现期 100 年降水的产流。截留池的表面积为 846m^2，最大深度为 2.2m。其中，截留池在 SWMM 中的模拟如图 2.11（a）所示。

（3）透水性路面：在该情景下，停车场被厚度为 15.8cm 的透水性铺设所代替。从模拟的角度出发，将研究区更进一步地分为 4 个部分：S1、S2、S3、S4，如图 2.11（c）所示。其中，S3 用来模拟透水性路面，并接受来自 S1 和 S2 的径流，之后，S3 的出流将留到 100%透水性区域 S4 中。S1、S2、S3 以及 S4 的面积分别 6232m^2、850m^2、8700m^2 和 1012m^2。

（4）生物滞留池：在该情景下，研究区的产流最后流入到位于 BMPs/LID 区的生物滞留池中。其中，生物滞留池的设计参数如表 2.3 所示。

表 2.3　生物滞留池的设计参数

参数	值	参数	值
表面积	846m^2	砂砾层饱和入渗率	15.0cm/h
积水深度	15cm	砂砾层厚度	30cm
根系层饱和入渗率	6.12cm/h	天然土壤的饱和入渗率	21.01cm/h
根系层深度	122cm		

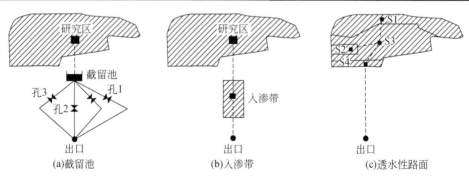

(a)截留池　　　　　(b)入渗带　　　　　(c)透水性路面

图 2.11　各调控措施在 SWMM 中的模拟

SWMM 子区域参数如表 2.4 所示。

表 2.4　SWMM 模型主要输入参数

参数		单位	数值
面积		km²	0.016
不透水性面积比例		—	86%
区域宽度		m	120
平均坡度		m/m	1%
不透水区域的积水深度		cm	0.15
透水区域的积水深度		cm	1.27
Horton 入渗参数	最大入渗速率	cm/h	11.43
	最小入渗速率	cm/h	0.76
	消减系数	—	4.14

2.7.3　水文效应分析

选用重现期分别为 2 年、10 年及 100 年的单个降水事件对各雨洪调控措施下的水文效应进行分析，主要包括对流量过程线的形状、洪峰流量消减率以及入渗补给比例进行分析。其中，洪峰流量消减率为经各措施调控后的洪峰流量减小量占区域无调控措施下所产生的洪峰流量的比例；入渗补给比例为各措施入渗补给的水量占区域总地表径流量的比例。由于降水历时为 24h，研究区面积较小，因此为充分反应各调控措施对径流的响应，模拟步长采用 1min。

2.7.3.1　截留池

表 2.5 为不同重现期设计降水下截留池洪峰流量消减率的模拟计算结果。该表表明，截留池具有较好的洪峰流量消减效果。当设计降水的重现期为两年时，其洪峰流量消减率为 68.11%。随着降水重现期的增大，洪峰流量消减率逐渐减小。值得注意的是，截留池本身不具备入渗补给功能，而通过其出流设施对径流量进行调控，因此，截留池本身并不能减小地表径流总量。

表 2.5　不同设计降水下截留池洪峰流量消减率

设计降水重现期	无调控下洪峰流量/(m³/s)	截留池调控后洪峰流量/(m³/s)	洪峰流量消减率/%
2 年	0.255	0.081	68.11
10 年	0.433	0.214	50.52
100 年	0.725	0.439	39.41

图 2.12 为不同重现期降水下经截留池调控后和无调控措施的流量过程曲线。图 2.12表明，当降水的重现期为两年时，经截留池调控后的流量过程线曲线比较平缓，且有一

个明显的洪峰流量延时。随着降水重现期的增大，其流量过程曲线在形状上与无调控措施相似，上升与下降的坡度逐渐变陡。整体而言，截留池使得径流的历时增加。径流数据表明，无论是对两年设计降水，还是100年设计降水，当无调控措施下径流流量为0后，截留池调控后的径流流量仍旧将以一个较小的值持续更长的时间。

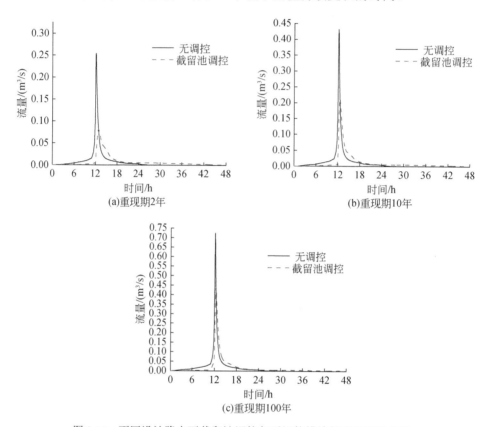

图2.12　不同设计降水下截留池调控与无调控措施的流量过程曲线

2.7.3.2 透水性路面

透水性路面的设计实际上是将区域的不透水性区域转化为透水性的区域的设计，并与此同时提高透水性区域的积水深度。按照本书的设计，若是将该停车场所在的区域用透水性混凝土修建为透水性路面，则其不透水性系数由原来的86%降低为38.5%，是典型的属于通过降低区域的不透水性系数而减小径流量的一种LID调控方式。除此之外，由于该部分区域的可积水深度增加，因此，其所容纳的水量将主要通过入渗的方式补给地下水，而不形成地表径流，这也是其对径流进行调控的另外一个主要因素。通过分析不同设计降水下透水性路面的洪峰流量消减率及入渗补给比例模拟计算结果表（表2.6）可知，透水性路面具有显著的洪峰流量消减功能和入渗补给地下水的功能，是所讨论的雨洪调控措施中，在洪峰流量消减及入渗补给地下水方面性能最为显著的一种措施。

表 2.6 不同设计降水下透水性路面的洪峰流量消减率及入渗补给比例

设计降水重现期	无调控下洪峰流量/(m³/s)	透水性路面调控后洪峰流量/(m³/s)	洪峰流量消减率/%	入渗补给比例/%
2 年	0.255	0.007	97.22	98.41
10 年	0.433	0.018	95.75	97.50
100 年	0.725	0.037	94.97	83.26

图 2.13 显示了不同设计降水下经透水性路面调控后和无调控措施的流量过程曲线。与表 2.6 所对应，其流量过程曲线同样反映了透水性路面的显著调控性能。但应该说明的是，透水性路面所用的透水性混凝土材料是比较昂贵的，其造价远远高于截留池、入渗带以及生物滞留池，且其修建面积往往是整个停车场，因此，高修建成本很大程度地限制了透水性路面的发展，为此研究造价合理的透水性材料将成为透水性路面的一个很重要的研究方向。

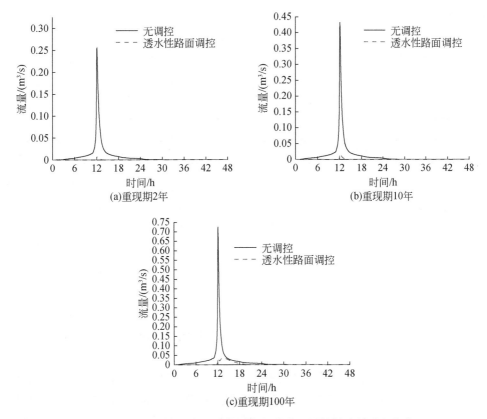

图 2.13 不同设计降水下透水性路面调控与无调控的流量过程曲线

2.7.3.3 生物滞留池

虽然生物滞留池与入渗带一样,主要是通过入渗作用对径流进行调节,但是,与入渗带不同的是,生物滞留池的结构较为复杂,除入渗作用外,还包括作物根区土壤的储水作用以及植物的蒸腾蒸发作用。因此,采用 RECARGA 软件对生物滞留池的水分运动进行计算,其 2 年、10 年以及 100 年降水的洪峰流量消减率以及入渗补给比例模拟计算结果见表 2.7。分析该表可知,生物滞留池的洪峰消减率对 2 年、10 年及 100 年的降水事件变化不大,主要原因是生物滞留池仅能对小的降水事件进行调控。入渗补给比例随着降水量的增大而呈减小趋势。总体来讲,其入渗补给比例在以上所分析的 LID 调控措施中,其比例最低;但是,由于截留池入渗补给水量可忽略不计,因此,生物滞留池相较截留池在入渗补给地下水方面仍然有显著的优势。除此之外,生物滞留池相比较其他LID 调控措施,具有环境美化功能和显著的污染物移除功效,且相比较透水性路面来说,造价较低。虽然对两年降水来说,其入渗补给比例仅为 17.54%,但是,由于降水事件的大部分均为降水量比较小的事件,因此,生物滞留池目前仍然是应用最为广泛的 LID调控措施。

表 2.7　不同设计降水下生物滞留池的洪峰流量消减率及入渗补给比例

设计降水重现期	无调控下洪峰流量/(m³/s)	生物滞留池调控后洪峰流量/(m³/s)	洪峰流量消减率/%	入渗补给比例/%
2 年	0.255	0.107	58.22	17.54
10 年	0.433	0.193	55.42	11.78
100 年	0.725	0.336	53.68	7.12

图 2.14 为经生物滞留池调控后和无调控措施的流量过程曲线。由图 2.14 可以看出,生物滞留池调控后的流量过程曲线在形状上与截留池比较接近,不同之处在于生物滞留池调控后的流量过程曲线形状相比截留池更为圆滑,其主要原因为经生物滞留池调控后的流量由两部分组成,一部分经过排水孔流出的水量,另一部分为表面溢出水量。其中,经过排水孔流出的径流模拟原理与截留池中的孔是类似的,该部分决定了其流量过程线形状与截留池有相似的部分。表面溢出水量是当进入生物滞留池的径流超出其积水深度时由生物滞留池的表面直接流出的水量,该部分水量所形成的流量过程曲线相对比较平缓,且占据生物滞留池溢出水量的主要部分,因此决定了生物滞留池径流曲线总体比较平缓。

综上所述,各 LID 措对单个具有不同重现期降水事件的洪峰流量消减率及入渗补给比例各有不同,绘制成表见表 2.8。对表中数据进行分析可知,各调控措施各有优缺点。对于 BMPs 措施来讲,截留池和入渗带在两年设计降水的洪峰流量消减方面性能比较显著,即对降水量较小降水事件的洪峰流量消减的水文效应相对比较显著,且截留池施工简单;对于 LID 措施来讲,透水性路面无论是在洪峰流量的消减还是入渗补给方面,其

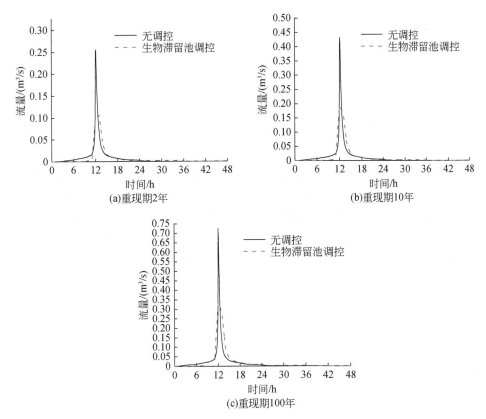

图 2.14 不同设计降水下生物滞留池调控与无调控措施的流量过程曲线

性能均最为显著，但由于其造价昂贵，成本较高，因此，目前实施范围仍然不广；生物滞留池的入渗补给不如其他 BMPs 或 LID 措施，但由于生物滞留池同时具有美化和显著的污染物移除功效，因此仍然得到了广泛的应用。

表 2.8 不同设计降水下 BMPs 和 LID 措施的洪峰流量消减及入渗补给效应比较

水文效应指标	设计降水重现期	BMPs		LID	
		截留池	入渗带	透水性路面	生物滞留池
洪峰流量消减率/%	2 年	68.11	73.67	97.22	58.22
	10 年	50.52	38.30	95.75	55.42
	100 年	39.41	12.84	94.97	53.68
入渗补给比例/%	2 年	0	63.42	98.41	17.54
	10 年	0	41.66	97.50	11.78
	100 年	0	27.31	11.78	7.12

2.8　小　　结

　　通过对研究区各调控措施建立 SWMM 模型模拟其雨洪调控性能可为，并利用洪峰流量消减率、入渗补给比例以及流量过程曲线来分析各调控措施基于不同重现期降水事件的水文调控性能，结果表明 BMPs 措施中的截留池和入渗带在两年设计降水下的洪峰流量消减性能比较显著，即对降水量较小降水事件的洪峰流量消减的水文效应相对比较显著；对于 LID 措施来讲，透水性路面无论是在洪峰流量的消减还是入渗补给方面，其性能均最为显著。各调控措施的调控性根据其设计要素的不同会发生改变，本书所模拟的各雨洪调控措施的设计要素均选取了其设计手册中的推荐值，且除透水性路面外，其余措施均具有相同的表面积，而其灵敏度分析结果表明面积是所有设计要素中对调控性能影响最大的要素，因此，本书的模型模拟结果可为城市停车场及类似地区的雨洪调控设计提供一定的借鉴意义。

第三章　研究区降水变化规律分析

本章利用研究区所在的气象站点 1951~2016 年的降水量，采用趋势分析、突变分析、对年降水和季节降水进行分析。

3.1　研　究　方　法

3.1.1　滑动平均法

滑动平均法的基本原理是动态测试数据 $y(t)$ 由确定性成分 $f(t)$ 和随机性成分 $x(t)$ 组成，且前者为所需的测量结果或有效信号，后者即随机起伏的测试误差或噪声，即 $x(t)=e(t)$，经离散化采样后，可相应地将动态测试数据写成

$$Y_j = f_j + e_j \quad (j = 1, 2, 3, \cdots N) \tag{3.1}$$

为了更精确地表示测量结果，抑制随机误差 $\{e_j\}$ 的影响，常对动态测试数据 $\{y_j\}$ 作平滑和滤波处理。具体地说，就是对非平稳的数据 $\{y_j\}$，在适当的小区间上视为接近平稳的，而作某种局部平均，以减小 $\{e_j\}$ 所造成的随机起伏。这样沿全长 N 个数据逐一小区间上进行不断的局部平均，即可得出较平滑的测量结果 $\{f_j\}$，而滤掉频繁起伏的随机误差。

$$Y_3 = 1/5(y_1 + y_2 + y_3 + y_4 + y_5) \tag{3.2}$$

同理，$Y_4 = 1/5(y_2 + y_3 + y_4 + y_5 + y_6)$，即 $f_4 = y_4$。依此类推，可得一般表达式为

$$f_k = y_k = \frac{1}{2n+1} \sum_{k=-n}^{n} y_k + 1 \quad (k=n+1,\ n+2,\ \cdots,\ N-1) \tag{3.3}$$

式中，$2n+1=m$，显然，这样所得到的 $\{f_k = y_k\}$，其随机起伏因平均作用而比原来数据 $\{y_k\}$ 减小了，即更加平滑了，故称之为平滑数据。由此也可得出对随机误差或噪声的估计，即取其残差为

$$e_k = y_k - f_k \quad (k=n+1,\ n+2,\ \cdots,\ N-n) \tag{3.4}$$

上述动态测试数据的平滑与滤波方法就称为滑动平均。通过滑动平均后，可滤掉数据中频繁随机起伏，显示出平滑的变化趋势，同时还可得出随机误差的变化过程，从而可以估计出其统计特征量。需要指出的是式（3.6）中只能得到大部分取值，而缺少端部的取值，即 $k<n+1$ 和 $k>N-n$ 的部分有 $m-1$ 个测量结果或信号无法直接得到，通常称其

为端部效应，需设法补入。

滑动平均的一般方法是按式（3.6）进行滑动平均是沿全长 N 个数据，不断逐个滑动地取 m 个相邻数据作直接的算术平均，也即该 m 个相邻数据 $y_{k=n}$，$y_{k=n+1}$，$\cdots$ y_{k+n} 对其所表示的平滑数据 $f_k = y_k$ 而言是等效的，按所谓等权平均处理。实际上，相距平滑数据 $f_k = y_k$ 较远的数据对平滑的作用可能要小于较近者，即是不等权的，因而对不同复杂变化的数据，其滑动的 m 个相邻数据宜取不同的加权平均来表示平滑数据。

因此，更一般的滑动平均方法是沿全长的 N 个数据，不断逐个滑动地取 m 个相邻数据作加权平均来表示平滑数据，其一般等式为

$$f_k = y_k = \sum_{i=q}^{p} \omega_i y_{k+i} \quad (k=q+1,\ q+2,\ \cdots,\ N-P) \tag{3.5}$$

式中，ω_i 为权系数，且 $\sum_{i=q}^{p} \omega_i = 1$；$p$、$q$ 为小于 m 的任一正整数，且 $p+q+1=m$。这些参数的不同取法就形成不同的滑动平均方法。如 $p=q=2$，且 $\omega_i = 1/(2n+1)$，即为式（3.8）的算法，称为等权中心平滑法。特别是取 $p=0$ 或 $q=0$ 即为常用的端点平滑。

3.1.2 Manner-Kendall（M-K）非参数检验法

Manner-Kendall（M-K）非参数检验法，是用来评估水文气候要素时间序列趋势的一种方法，以适用于范围广、人为性少、定量化程度高而著称。M-K 法以时间序列平稳为前提，且时间序列是随机独立的，其概率分布等同。常用于分析降水、径流、气温等要素时间序列的趋势变化，其优点在于样本不需要遵循某一特定的分布规律，而且很少受到异常值的干扰，更适合于类型变量和顺序变量，计算方法也比较简便。M-K 法主要通过计算统计量 τ、方差 δ^2 和标准化变量 M 来实现的。计算公式如下

$$\tau = \frac{4P}{N(N-1)} - 1；\quad \delta^{2_r} = \frac{2(2N+9)}{9N(N-1)}；\quad M = \frac{\sigma}{\sigma_r} \tag{3.6}$$

式中，P 为水文变量系列所有对偶观测值（R_i，R_j，$i<j$）中 $R_i < R_j$ 出现的次数；N 为系列长度。M 为标准正态分布，给定显著性水平 a_0，查正态分布表得到临界值 t_0，当 $|M|>t_0$，表明序列存在一个显著的增长或减少趋势；$|M| < t_0$ 时，则表明趋势不显著。M 的绝对值在大于等于 1.28、1.96、2.32 时分别通过了信度 90%、95%、99%显著检验，一般取置信度为 95%。M 为正值表示增加趋势，负值表示减少趋势。

假设有 n 个样本量（$x_1, x_2, \cdots, x_n$）的时间序列，对于所有 k，$j \leq n$，且 $k \neq j$，x_k 和 x_j 的分布是不同的，计算检验统计量 s，公式如下

$$S = \sum_{k=1}^{n-1} \sum_{j=k+1}^{n} \text{Sgn}(x_j - x_k) \tag{3.7}$$

$$\text{Sgn}(x_j - x_k) = \begin{bmatrix} +1 & (x_j - x_k) > 0 \\ 0 & (x_j - x) = 0 \\ -1 & (x_j - x_k) < 0 \end{bmatrix} \quad (3.8)$$

S 为正太分布，均值为 0，方差 $Var(s) = n(n-1)(2n+5)/18$ 当 $n>10$ 时，标准的正态统计量通过下式计算：

$$Z = \begin{bmatrix} \dfrac{S-1}{\sqrt{Var(s)}} & s > 0 \\ \dfrac{S+1}{\sqrt{Var(s)}} & 0 & s < 0 \end{bmatrix} \quad (3.9)$$

$$\sigma_s = \sqrt{\frac{n(n-1)(2n+5)}{18}} \quad (3.10)$$

式中，$1 \leqslant j < i \leqslant n$；$S$ 近似服从正态分布；σ_s 为标准差；$Z>0$ 表示增加趋势，$Z<0$ 表示减少趋势，查表可知 Z 的绝对值大于一定值时表示通过了不同置信度的显著性检验。

3.1.3 突变分析

突变在两种处于相对稳定状态之间，突变也必须会发生在，而且两种稳态的转变必须是跳跃的，否则即使时间曲线上显示很大的变化也不能称为突变。突变分析的基本原理就是将气候状态从一个平稳状态到另一个平稳状态的突变年份找出来，通过下面公式的运用，并采取几种常用的方法计算突变点，以此基础上并运用降水的年份、降水数据等方面的实际资料对计算结果进行分，判断突变点的合理性。降水系列之间的显著变化即为突变，分析突变年份对于查找降水突变的原因有着重要的作用。

时间序列数据（$x_1, x_2, \cdots, x_n$）是 n 个独立的、随机变量同分布的样本，其中 m_i 表示第 i 个样本 $x_i > x_j$（$1 \leqslant j \leqslant i$）的累积数，定义一个统计量 c_k。

$$c_k = \sum_{i=1}^{k} m_i \quad (3.11)$$

$$E(c_k) = k(k-1)/4 \quad (3.12)$$

$$\sigma(c_k) = k(k-1)(2k+5)/72 \quad (3.13)$$

$$UF_k = C_K - E(C_K)/\sqrt{\sigma(C_K)} \quad (3.14)$$

式中，$E(C_K)$、$\sigma(c_k)$ 为 c_k 的均值和方差；UF_k 为 c_k 的标准化；按逆序列数（$x_n, x_{n-1}, \cdots, x_i$）重复上面过程，使 $|U| = -U, k=n, n-1, \cdots, U=0$。如果 UF 和 UB 两条曲线在置信区间内出现交点，即为可能的突变点。

3.2　结　果　分　析

根据郑州市 50 多年的降水变化规律，本章对郑州市 1951～2016 年降水资料进行统计分析。分别从年际变化规律和季节性的变化规律两个方面来分析分析降水量的变化趋势，并采用 5 年滑动平均法、线性拟合、M-K 分析的方法对降水量的变化趋势进行更进一步的分析。

3.2.1　年际变化规律

对研究区 1951～2016 年的降水资料统计分析发现，近 50 多年来郑州市年平均降水量为 638.00mm 月平均降水量为 53.17mm。最大年降水量出现在 1964 年，为 640.86mm，最小年降水量出现在 2013 年，为 634.91mm（图 3.1）。

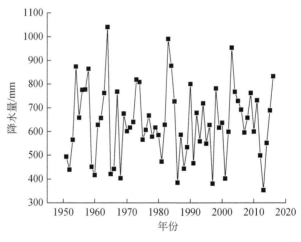

图 3.1　研究区多年平均降水量

3.2.2　季节性变化规律

郑州市属暖温带半湿润季风气候，同时期四季分明有雨热，同季干冷。随季节变化，春季温暖，夏季炎热、雨量少，秋季凉爽，冬季寒冷干燥。对此，分别对 1951～2016 年间春季、夏季、秋季、冬季对应月份（分别为 3～5 月、6～8 月、9～11 月、12 月至来年 2 月）的降水量进行统计分析，见表 3.1。

表 3.1　郑州市季节性降水变化趋势分析

	年份	1951～1960	1961～1970	1971～1980	1981～1990	1991～2000	2001～2010	2011～2016
春季	均值	120.63	131.93	117.27	128.97	132.26	103.38	117.87
	标准差	17.79	89.24	55.05	75.83	70.7	41.69	27.34

续表

	年份	1951~1960	1961~1970	1971~1980	1981~1990	1991~2000	2001~2010	2011~2016
春季	变差系数	0.15	0.68	0.47	0.59	0.53	0.4	0.23
夏季	均值	375.45	300.85	348.69	326.68	316.84	410.61	309.64
	标准差	161.38	100.32	93.74	106.14	109.08	79.47	127.29
	变差系数	0.43	0.33	0.27	0.32	0.34	0.19	0.41
秋季	均值	102.4	181.77	151.55	152.98	130.15	125.17	128.28
	标准差	52.62	74.63	55.29	81.66	60.55	72.75	104.74
	变差系数	0.51	0.41	0.36	0.53	0.47	0.58	0.82
冬季	均值	25.4	27.34	28.42	34.29	26.71	27.84	29.28
	标准差	16.94	19.87	18.9	38.42	18.57	14.57	14.4
	变差系数	0.67	0.73	0.66	1.12	0.71	0.51	0.48

　　按十年进行分段，对春季、夏季、秋季和冬季的平均降水量计算出均值、标准差、变差系数，其结果如表 3.1 所示。由表 3.1 可知，夏季平均降水量和标准差最大，其次为秋季、春季和冬季，变差系数最大值在冬季。呈现出四季分明的降水特征。

　　春季平均降水量占全年降水量的 19.21%。春季的均值当中较大的年份在 1991~2000 年，也是春季平均降水量按十年来分段当中均值为最大的年份，均值最小的年份在2001~2010 年，最大年份的均值与最小年份的均值相差是 28.88，其他几段的年份均值相差较小。对于标准差而言，最大值出现在 1961~1970 年，其值是 89.24，最小的标准差出现在 1951~1960 年夏季的均值中最达的值是 410.61，其年份在 2001~2010 年，均值最小的年份在 1961~1970 年，其值是 300.85。

　　夏季平均降水量占全年平均降水量的 54.13%。夏季的均值介于 300~400mm，最大均值与最小均值的相差数是 109.76，标准差的最大值与最小值分别为 161.38、79.47，每一年段的标准差均有一定的相差。变差系数均在 0.1~0.45，最大的变差系数的值为 0.43，最小的变差系数的值为 0.19，其年份分别是 1951~1960 年、2001~2010 年。

　　秋季平均降水量占全年平均降水量的 22.03%。秋季的最大均值为 181.77，其年份出现在 1961~1970 年，最小的均值为 102.40，其年份出现在 1951~1960 年，最大均值与最小均值相差的数为 79.37。标准差最大的值为 104.74，其年在 2011~2016 年里，与其他年段相比较相差较大，除了最大标准差的值外，其余的值均在 50~82 左右，变差系数的值均在 0.3~0.9，其中最大的变差系数值为 0.82，最小的变差系数 0.41，最大变差系数与最小变差系数相差值为 0.41，冬季的最大均差与最小均差分别为 34.29、25.40。

　　总体而言，冬季降水量均值的变化较小，标准差的最大值为 38.42，其年份为 1981~1990 年，除了最大的值以外，其他的标准差系数都较为稳定，没有明显的变化，最小的标准差的值为 14.40，最大值与最小值相差数为 24.02，变差系数的最大值为 1.12，最小值为 0.48，总体的变差系数的值在 0.4～1.12 左右的范围内，冬季的平均降水量占全年平均降水量的 4.52%。

从上述对郑州市四季的平均降水量占全年平均降水量的比值分析后，由此可见郑州市年降水量主要集中在夏季，尤其以 7、8 月比较集中。夏季最大降水量出在 1956 年，降水量为 604.1mm，最小降水量出现在 1997 年，降水量为 93mm，仅为夏季最大降水量的 015%。另外，通过表 3.1 对 10 年变差系数变化可以看出，秋冬季节降水波动幅度最大，最大最小变差系数相差分别达到了 0.46、0.63，而春季降水波动幅度最小，最大最小变差系数相差仅为 0.1，夏季居中，对此没有明显的波动，其最大最小的变差系数相差值为 0.24。从上述描述可知郑州市年际降水波动性较小。

3.2.3　年降水趋势分析

采用 M-K 趋势分析，得到郑州市年降水量，从图上能看出年降水量呈现不显著的上升趋势，整体的降水趋势不明显。根据 5 年滑动平均法进行分析，结果表明郑州市降水变化量不显著，如图 3.2 所示。

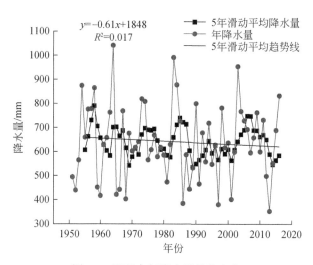

图 3.2　郑州市年降水量趋势变化

（1）1955～2015 年，郑州市年降水变化呈现了不同的趋势，呈现的降水趋势具有一定的波动性。1955～1966 年呈现下降趋势；2000 年以后有升有降，没有明显的变化趋势。2013 年后，降水有所下降，但自 2014～2015 年又呈现明显的上升趋势。

（2）1955～2015 年，对郑州市年降水量利用 5 点滑动平均处理，由图 3.2 可知，年降水量波动趋势稍微弱，整年的降水变化趋势总体呈现出增加的趋势，上升点比较明显的在分别在 1958 年、1964～1967 年、1974～1977 年、1985 年、2005～2008 年。但总体而言，降水量变化没有呈现出显著的增加或下降的趋势。

（3）对 5 年滑动平均的结果进行一元线性拟合，下降速率为 6.0mm/10a，总的年降水量呈现出下降的趋势,但是相关系数是非常小的,仅有 0.017,表明多年来郑州平均降水量没有发生显著的变化。

3.2.4　季节降水趋势分析

对郑州市春夏秋冬四季的降水量及 5 年滑动平均降水量进行统计分析,其结果如图 3.3 所示。该结果表明,郑州市四季的降水量均没有显著的上升或下降趋势。

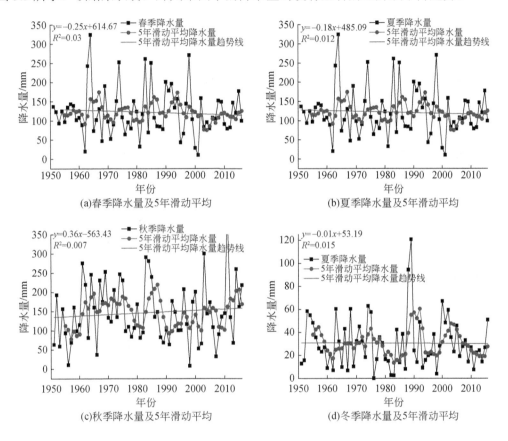

图 3.3　季节降水趋势分析

3.2.5　年降水突变分析

根据分析,郑州市年降水量的 UF 和 UK 见图 3.4,在显著性水平 0.05 区间内有多个交点,因此需要结合 5 年滑动平均进行辅助分析,可以发现 1956~1958 年呈现上升趋势,1958 年发生增加突变。1961~1989 年呈微弱波动变化,1990~1993 年呈现上升趋势,则 1998~2015 年具体表现出下降趋势,减少突变在 1974 年,如图 3.4 所示。

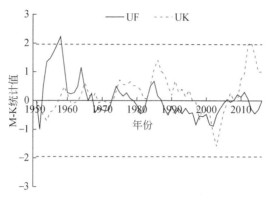

图 3.4　郑州市年降水突变检验图

3.2.6　季节降水突变分析

对各个季节的降水量进行突变分析，其结果如图 3.5 所示。由图 3.5 可以看出，郑州春夏秋冬四季的降水并没有呈现出明显的突变分析。

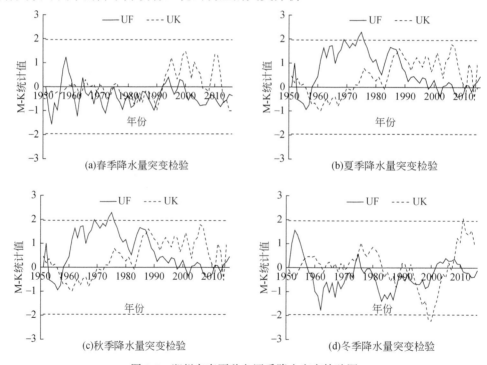

　　(a)春季降水量突变检验　　　　　　　　　　(b)夏季降水量突变检验

　　(c)秋季降水量突变检验　　　　　　　　　　(d)冬季降水量突变检验

图 3.5　郑州市春夏秋冬四季降水突变检验图

3.3　本章小结

（1）对郑州市降水量进行季节性规律分析，1951～2016年间春季（3～5月）、夏季（6～8月）、秋季（9～11月）、冬季（12月至来年2月）和年均（1～12月）春、夏、秋、冬四季平均降水量分别占全年降水量的19.32%、54.13%、22.03%、4.52%，由此可见郑州市年降水量主要集中在夏季，尤其以7、8月比较集中。分别对春夏秋冬四季降水量进行求得均值、变差系数、标准差，秋冬季节降水波动幅度最大，最大最小变差系数相差分别达到了0.46、0.63，而春季降水波动幅度最小，最大最小变差系数相差仅为0.15，夏季居中间，其没有明显的波动，其最大最小的变差系数相差值为0.24。

（2）郑州年降水量及各季节降水量均没有显著的上升或下降趋势。

第四章 土地利用对城市产汇流的影响

4.1 概 况

4.1.1 研究区地理位置

华北水利水电大学家属区位于河南省郑州市郑东新区龙子湖高校园区 1 号华北水利水电大学校园内部，占地 12.24 万 m²，小区总共房屋 32 栋（不包括后来新建的两栋），规划有 615 户人家。

4.1.2 土地利用和土壤特性

小区内以砂壤土为主，主要土地利用包括住宅用地、道路、停车坪以及绿化地，不透水部分占地 5.08 万 m²，不透水率 0.415。小区内雨水管道主要沿道路中心布设，在区域内总共有 4 个出口，分别流向校内水环路上已建成的管道上，最后通过水环路上的管道汇入东北出水口。

4.1.3 降水和蒸发

对研究区 1951～2016 年的降水资料统计分析发现，近 50 多年来郑州市年平均降水量为 638.00mm 月平均降水量为 53.17mm。最大年降水量出现在 1964 年，为 640.86mm，最小年降水量出现在 2013 年，为 634.91mm。降水多集中于 6～9 月，约占全年降水的 60%。1948～2007 年平均降水量变化如图 4.1 所示。

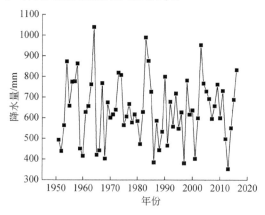

图 4.1　1948～2007 年平均降水量变化图

年蒸发数据采用河南省气象网站记录的月平均日蒸发数据，如表 4.1 所示。

表 4.1 逐月平均日蒸发量

月份	1月	2月	3月	4月	5月	6月	7月	8月	9月	10月	11月	12月
蒸发量/（cm/d）	0.10	0.08	0.13	0.13	0.30	0.51	0.71	0.94	0.97	0.69	0.66	0.43

其中，降水及蒸发数据来自国家气象数据共享网；径流资料来自实测。

4.2 数据处理及模型建立

4.2.1 子流域划分

根据 CAD 图纸中的管网布置结合实地考察，在分析了教师公寓的管网走向及地表水流流向后，综合考虑地表汇水情况，将教师公寓划分为 19 个子流域，如图 4.2 所示。

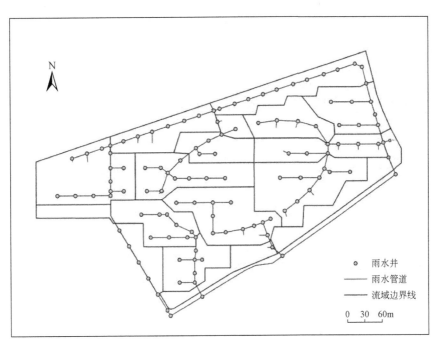

图 4.2 子流域划分图

在划分完子流域后给各子流域编号 S1～S19，方便在 SWMM 模型中建模时区分不同子流域及输入对应子流域的相关数据。其各子流域在研究区域的分布如图 4.3 所示。

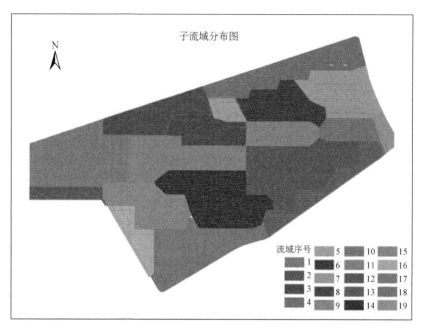

图 4.3　研究区域子流域划分图

4.2.2　透水性划分

教师公寓地表类型主要分为两种,一种是由路面和屋面组成的不透水地面,另一种是由绿化草地组成的透水地面。其具体分布如图 4.4 所示。

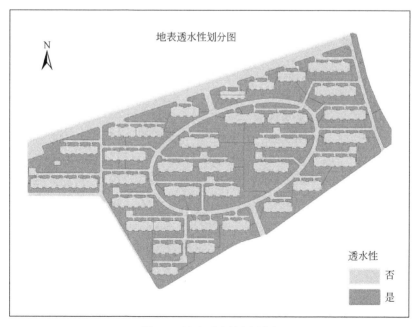

图 4.4　地表透水性划分图

1）子流域面积及不透水面积比例计算

各子流域的面积以及各子流域不透水面积的计算都在 Arcgis 软件中完成,利用 CAD 图纸提供的精确地理坐标,在图层属性表添加面积字段计算各子流域面积、透水面积及不透水面积,将属性表导出,在 Excel 表格中计算其各子流域不透水面积的比例,计算结果如表 4.2 所示。

表 4.2　流域面积及不透水面积比例计算

流域编号	透水面积/m²	不透水面积/m²	流域面积/m²	不透水面积比例/%
S1	6475.45	6863.12	13338.57	51.45
S2	845.71	1663.97	2509.68	66.30
S3	2387.16	4562.12	6949.27	65.65
S4	2744.78	6674.34	9419.11	70.86
S5	756.13	927.36	1683.48	55.09
S6	3753.11	2879.80	6632.91	43.42
S7	4135.47	3537.36	7672.82	46.10
S8	3401.27	1814.82	5216.09	34.79
S9	2261.08	2022.68	4283.76	47.22
S10	1615.66	1623.94	3239.60	50.13
S11	5349.54	4423.83	9773.37	45.26
S12	7201.59	5499.61	12701.20	43.30
S13	4525.72	1181.25	5706.97	20.70
S14	6309.35	5425.46	11734.80	46.23
S15	3506.70	3727.64	7234.33	51.53
S16	2259.75	1258.86	3518.61	35.78
S17	2913.88	3298.73	6212.61	53.10
S18	3068.81	1110.20	4179.00	26.57
S19	1042.18	177.49	1219.67	14.55
Σ	64553.31	58672.56	123225.87	47.61

由表 4.2 可以看出在教师公寓修建以后,严重改变了研究区域土地的地表结构。在没有修建教师公寓以前这一区域多为耕地,地表透水性良好,蓄滞雨水能力也较高,而在教师公寓建成之后,这一区域不透水面积占到了 47.61%,将近一半的面积不能有效下渗降水,使得这一区域整体透水性大幅下降,蓄滞雨水能力也大幅减弱。

2）子流域特征宽度的计算

子流域特征宽度是影响模型精度的关键性参数,其计算方法采用 SWMM 手册所介绍的方法,计算公式为

$$特征宽度 = \frac{子流域面积}{子流域集水长度} \qquad (4.1)$$

在 ArcGIS 软件中测出每一个子流域的集水长度，带入式（4.1）计算各子流域的特征宽度，计算结果如表 4.3 所示。

表 4.3　子流域特征宽度

流域编号	集水长度/m	特征宽度/m	流域编号	集水长度/m	特征宽度/m
S1	135.42	98.51	S11	97.37	100.37
S2	120.37	20.86	S12	170.63	74.44
S3	160.69	43.27	S13	212.42	26.87
S4	243.18	38.75	S14	161.91	72.48
S5	39.73	42.41	S15	145.35	49.77
S6	103.92	63.84	S16	91.32	38.53
S7	131.14	58.57	S17	69.12	89.88
S8	73.86	70.68	S18	49.28	84.80
S9	159.16	26.92	S19	29.05	41.99
S10	90.35	35.88			

4.2.3　模型建立及参数率定

4.2.3.1　模型建立

在研究区域未被开发前，此区域为耕地区，不需要划分子流域，整个研究区域为一个流域，在 SWMM 模型中导入底图绘制这一流域并输入上述所有数据及各参数，SWMM 模型图如图 4.5 所示。

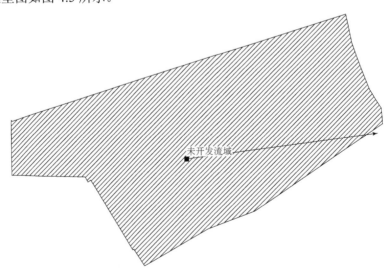

图 4.5　未开发流域模型图

用 ArcGIS 软件导出研究区域的子流域划分图，并在 SWMM 模型中建立模型。开发后的研究区域共划分为 19 个子流域单元，在 SWMM 模型中导入子流域划分图作为底图建立开发后这一区域的模型图，并输入上述数据及各参数，其 SWMM 模型如图 4.6 所示。

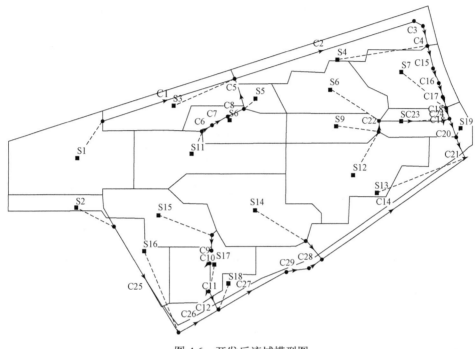

图 4.6　开发后流域模型图

4.2.3.2　模型参数率定

参数率定是运用模型研究的关键性前置工作，可以给后来模型运行提高精准度，也为未来预测提高了准确性和可靠度。除上述几个参数外，运行 SWMM 模型还需要的其他参数主要有不透水区曼宁系数、透水区曼宁系数、管道曼宁系数、不透水区洼蓄量、透水区洼蓄量、最大下渗率、最小下渗率、土壤完全干燥所需天数等。这里根据 SWMM 手册及查阅文献确定各参数取值，各参数取值如表 4.4 所示。

表 4.4　模型参数率定

参数名称	参数含义	参数取值	参数获取方法
N-Imperv	不透水区曼宁系数	0.05，0.013	模型手册
N-Perv	透水区曼宁系数	0.17，0.15	模型手册
Roughness	管道曼宁系数	0.011	模型手册
%Slope	流域坡度	1.5	东区设计说明书
Dstore-Imperv	不透水区洼地蓄水深度	2.54mm	模型手册

续表

参数名称	参数含义	参数取值	参数获取方法
Dstore-Perv	透水区洼地蓄水深度	5.08mm，3.81mm	模型手册
Subarea Routing	汇流方式	OUTLET	模型手册
Max.Infil. Rate	最大下渗率	127mm/h，76.2mm/h	模型手册
Min.Infil. Rate	最小下渗率	12.7mm/h	模型手册
Drying time	土壤完全干燥所需天数	7	模型手册

模型中的管道及雨水井节点数据见表 4.5。

表 4.5　模型管道及节点数据

编号	进水口	出水口	进水口高程/m	出水口高程/m	管道长度/m	管径/mm
C1	J1	J2	83.3	82.66	173.7	700
C2	J2	J3	82.66	81.9	236.6	800
C3	J3	J4	81.9	81.88	12.55	800
C4	J4	J5	81.88	81.83	26.77	800
C5	J7	J2	82.96	82.66	39.52	500
C6	J11	J13	83.06	83.06	14.01	500
C7	J13	J14	83.06	83.01	23.25	500
C8	J14	J7	83.01	82.96	23.25	500
C9	J15	J20	83.55	83.49	21.04	400
C10	J20	J19	83.49	83.45	14.5	400
C11	J19	J17	83.45	83.21	35.9	500
C12	J17	J16	83.21	83.18	25.41	500
C13	J12	J6	82.98	82.93	31.45	1000
C14	J6	O1	82.93	81	221.72	1000
C15	J5	J21	81.83	81.77	29.82	800
C16	J21	J22	81.83	81.72	21.18	800
C17	J22	J23	81.72	81.69	17.31	800
C18	J23	J24	81.69	81.66	14.44	800
C19	J24	J10	81.66	81.63	14.44	800
C20	J10	J25	81.63	81.6	24.78	1000
C21	J25	O1	81.6	81	29.23	1000
C22	J9	J8	82.75	82.68	14.52	500
C23	J8	J26	82.68	82.23	81.46	700

续表

编号	进水口	出水口	进水口高程/m	出水口高程/m	管道长度/m	管径/mm
C24	J26	J10	82.23	81.63	8.12	1000
C25	J27	J28	83.8	83.2	157.43	500
C26	J28	J16	83.2	83.18	59.01	1000
C27	J16	J29	83.18	83.15	98.25	1000
C28	J30	J6	82.97	8.93	19.61	1000
C29	J29	J30	83.15	82.97	27.65	1000

4.3　结　果　分　析

将 4 个不同重现期的降雨序列导入 SWMM 模型，分别运行模拟研究区域在开发前和开发后两种不同下垫面条件下的地表下渗、地表径流、管道汇流及洪峰等情况，导出统计分析报告，并分析其变化过程。

4.3.1　下渗

运行建立的开发前后研究区域模型，分别模拟流域开发前后 4 个不同重现期下的降雨径流过程，并导出分析报告，提取下渗数据分析其下渗过程数据，如表 4.6 所示。

表 4.6　开发前流域不同重现期下渗　　　　　（单位：mm）

流域	1 年	2 年	5 年	10 年
开发前流域	39.44	48.69	57.26	59.27
开发后流域	21.751	23.149	24.319	24.96

将研究区域开发前后流域不同重现期下渗量曲线绘在同一图中，其曲线如图 4.7 所示。

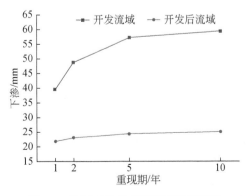

图 4.7　流域开发前后不同重现期下渗

从图4.5可以看出该研究区域在不同重现期其下渗能力不同,随着重现期增长,降雨强度增大,其下渗量也逐渐增加。该研究区域在开发前后其下渗量也发生了较大变化,在重现期为1年的情况下,研究区域下渗量由开发前的39.44mm下降为21.75mm;在重现期为2年的情况下,研究区域下渗量由开发前的48.69mm下降为23.15mm;在重现期为5年的情况下,研究区域下渗量由开发前的57.26mm下降为24.32mm。该研究区域在修建教师公寓后其下渗能力比修建前平均下降53.18%。对于开发后的入渗量而言,随着降雨重现期的增大,其入渗量并没有发生显著的变化,表明当降雨为重现期为1年时,研究区域的下渗量基本已经达到最大值,之后,当降雨量变大时,多余的雨量将转化为径流。将研究区域开发前和开发后四个重现期下渗速率随时间的变化过程绘制下渗速率-时间曲线,如图4.8所示。

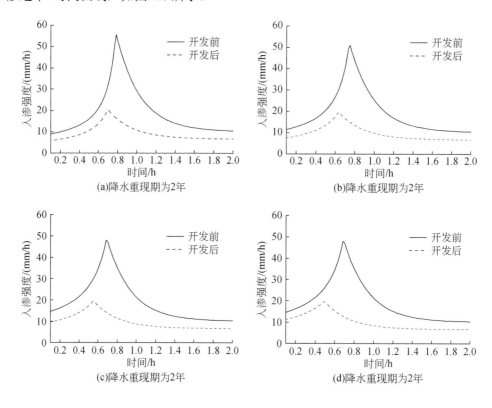

图4.8　不同重现期降雨下的流域开发前后的入渗过程

从图4.8中可以看出,该流域在开发前后流域下渗速率达到峰值的时间点是不一样的。该区域开发前在重现期为1年、2年、5年、10年的流域下渗速率达到峰值的时间分别为第47min、第44min、第41min、第39min,开发后在4个不同重现期下渗速率达到峰值的时间分别为第42min、第38min、第33min、第29min,这一区域在开发后下渗速率达到峰值的时间比开发前平均提前了8min。

在导出的研究区域开发后的各重现期统计分析报告中提取开发后各流域下渗数据

并制作统计表，如表 4.7 所示。

表 4.7　开发后各流域不同重现期各子区域下渗量　（单位：mm）

流域编号	1 年	2 年	5 年	10 年
S1	20.22	21.47	22.57	23.19
S2	13.72	14.46	15.14	15.53
S3	14.18	15.01	15.75	16.18
S4	12.19	12.96	13.64	14.01
S5	17.83	18.67	19.46	19.91
S6	21.4	22.73	23.96	24.66
S7	22.54	23.97	25.21	25.91
S8	26.75	28.26	29.62	30.4
S9	22.28	23.79	25.09	25.8
S10	20.4	21.53	22.55	23.14
S11	22.56	23.87	25.04	25.71
S12	34.9	38.15	39.71	40.23
S13	24.13	25.87	27.33	28.13
S14	22.74	24.31	25.64	26.38
S15	20.26	21.55	22.67	23.3
S16	26.59	28.18	29.59	30.39
S17	18.93	19.91	20.82	21.34
S18	29.76	31.33	32.78	33.61
S19	34.2	35.89	37.47	38.38

从表 4.7 可以看出随着重现期增长，降雨强度增大，各子流域下渗量也增大。在 19 个子流域中 S4 地表不透水面积占流域总面积的 70.86%，不透水面积比例在各子流域中最高，其流域下渗量最小。S19 地表不透水面积占流域总面积的 14.55%，不透水面积比例在各子流域中最低，其流域下渗量最高将表 4.7 中各流域下渗数据绘制曲线图，如图 4.9 所示。

从图 4.9 中可以看出，在不同重现期下流域不透水面积比例最高的 S4 对应的下渗量最小，流域不透水面积比例最低的 S19 其对应的下渗量最大，这说明流域不透水面积比例影响其下渗量，为进一步分析流域不透水面积与流域下渗能力的关系，将各子流域不透水面积比例和流域下渗量做相关分析，如图 4.10 所示。

由图 4.10 可得流域不透水面积与流域下渗能力呈负相关关系。流域不透水面积比例越大，其对应的下渗量越小，流域下渗能力越弱；流域不透水面积比例越小，其对应的下渗量越大，流域下渗能力越强。

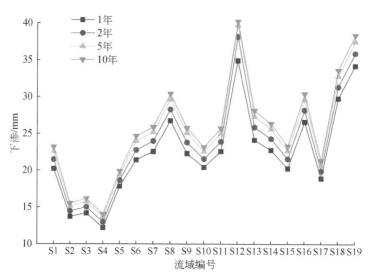

图 4.9　不同重现期各流域下渗量

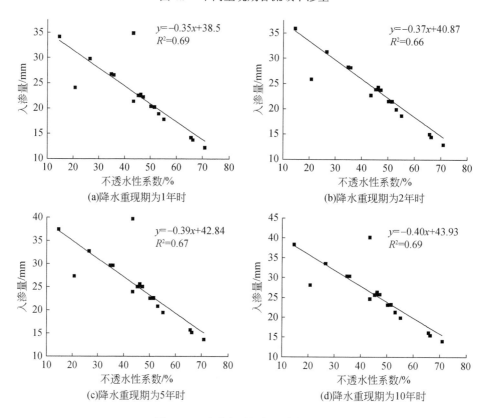

图 4.10　不透水面积与下渗相关图

4.3.2 径流

运行模型后在分析报告中提取研究区域开发前和开发后 4 个重现期的径流深数据，如表 4.8 所示。

表 4.8 流域开发前后不同重现期径流深 （单位：mm）

流域	1 年	2 年	5 年	10 年
开发前流域	9.228	13.527	22.884	31.835
开发后流域	27.463	39.63	56.342	69.225

将研究区域开发前和开发后 4 个重现期的径流数据绘制成曲线图，如图 4.11 所示。

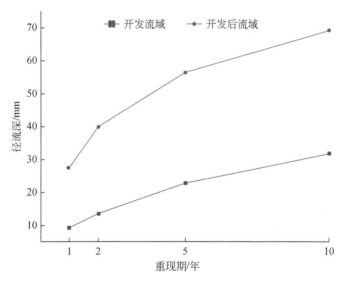

图 4.11 流域开发前后不同重现期径流深

从图 4.11 可以看出，研究区域在开发前后在不同重现期的径流深不同，随着重现期增长，降雨强度增大，径流深也随之增大。该研究区域开发前在重现期为 1 年的情景下流域径流深为 9.29mm，开发后增至 27.46mm；在开发前重现期为 2 年的情景下流域径流深为 13.53mm，开发后增至 39.63mm；在开发前重现期为 5 年的情景下流域径流深为 22.88mm，开发后增至 56.34mm；在开发前重现期为 10 年的情景下流域径流深为 31.84mm，开发后增至 69.23mm。该研究区域在修建教师公寓后由于地表不透水面积的大幅增加导致该区域在开发后径流深比开发前平均增加 2～3 倍。

降雨强度是影响径流的关键因素，降水的多少直接影响流域产流量，为研究降雨强度对流域产流的影响，提取研究区域开发前后分析报告中的产流过程绘制曲线图如图 4.12 所示。

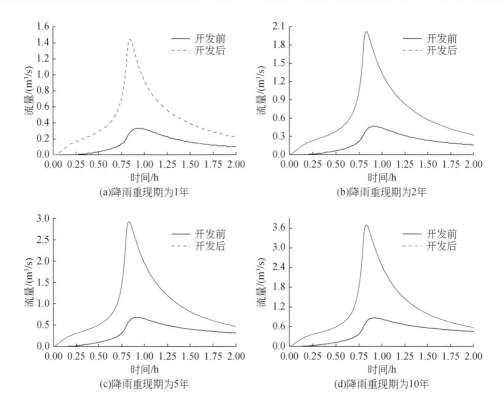

图 4.12   开发前后不同重现期产流

从图 4.12 可以看出研究区域在开发前和开发后随着重现期增长，降雨强度增大，同一时刻流量也随之增大。研究区域开发前流量达到峰值的时间为第 55min，开发后流量达到峰值为第 50min，开发后该区域汇流时间开发后比开发前提前了 5min。研究区域开发前在 1 年、2 年、5 年、10 年 4 个重现期下最大流量分别为 0.33m³/s、0.46m³/s、0.68m³/s、0.86m³/s，开发后研究区域在 4 个重现期下最大流量分别为 1.88m³/s、2.01m³/s、3.45m³/s、3.69m³/s，与开发前流域产流流量相比，开发后流域产流流量平均增加 5 倍。从图 4.10 可以看出，随着重现期增长，流域洪水过程峰型变得更尖锐，陡起陡落，洪峰流量也增大。综上所述，城市不透水面积增加是导致城市雨洪产生的直接原因，此外，城市雨洪的洪峰流量主要和降雨强度有关，雨强越大，洪峰越大。

在开发后的模型模拟分析报告中提取各子流域径流深数据并制成统计表，如表 4.9 所示。

表 4.9   流域开发后不同重现期径流深   （单位：mm）

流域编号	1 年	2 年	5 年	10 年
S1	29	41.31	58.14	71.09
S2	35.46	48.28	65.53	78.71

流域编号	1 年	2 年	5 年	10 年
S3	34.95	47.68	64.87	78.01
S4	36.79	49.57	66.82	80
S5	31.44	44.17	61.32	74.44
S6	27.85	40.09	56.8	69.66
S7	26.7	38.83	55.52	68.39
S8	22.53	34.59	51.16	63.95
S9	26.93	38.99	55.63	68.47
S10	28.85	41.29	58.19	71.17
S11	26.7	38.95	55.72	68.62
S12	14.38	24.7	39.99	52.16
S13	25.09	36.92	53.39	66.15
S14	26.47	38.47	55.07	67.9
S15	28.95	41.22	58.04	70.97
S16	22.68	34.66	51.18	63.95
S17	30.32	42.92	59.94	72.99
S18	19.53	31.53	48.01	60.75
S19	15.1	26.98	43.34	56

　　将表 4.9 中各子流域的径流深数据绘成曲线如图 4.13 所示。从图 4.13 可以看出不同流域的产流情况不同。从表 4.9 可知 S12 面积 12701.20m² 排名第二，该流域不透水面积占 43.3%，但径流深却几乎是最小的。S19 不透水面积只有 14.45%，其流域径流深几乎也是最小。

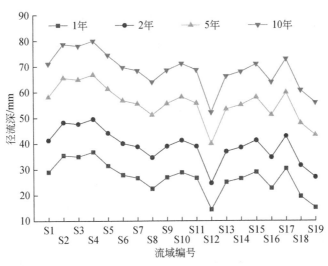

图 4.13　流域开发后不同重现期径流深

为进一步分析流域不透水面积比例与流域径流深的相关性，用流域不透水面积比例和流域径流深数据绘制散点图，如图 4.14 所示。

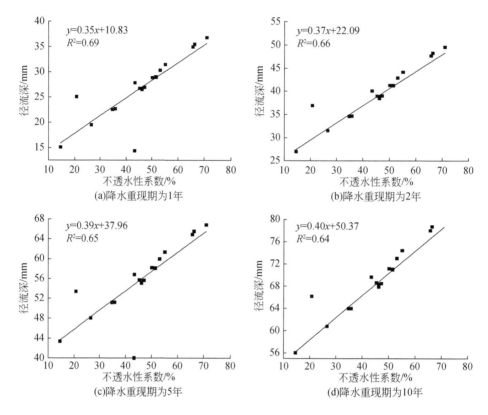

图 4.14 不透水面积比例与总径流深相关图

由图 4.14 可以得出：流域的径流深与流域不透水面积呈正相关关系。流域不透水面积比例越大，其径流深越大；流域不透水面积比例越小，其径流深越小。

4.3.3 径流系数

流域径流系数为时段内流域径流深度与降水深度的比值。径流系数可以直观的反应一个流域的产流能力，径流系数越大表明流域产流能力越强。城市建筑密集区域其径流系数范围为 0.60～0.85（表 4.10）。

表 4.10 开发前流域径流系数

	1 年	2 年	5 年	10 年
开发前	0.187	0.215	0.283	0.337
开发后	0.484	0.619	0.753	0.856

将研究区域开发前后径流系数绘成曲线如图 4.15 所示。

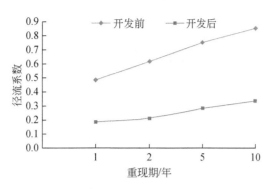

图 4.15 流域开发前后不同代表年径流系数

从图 4.15 可以看出随着重现期的增长,降雨强度增大,流域径流系数也增大。在重现期为 1 年时流域径流系数由开发前的 0.187 增加到开发后的 0.484,在重现期为 2 年时流域径流系数由开发前的 0.215 增加到开发后的 0.619,在重现期为 5 年时流域径流系数由开发前的 0.283 增加到开发后的 0.753。在重现期为 10 年时流域径流系数由开发前的 0.337 增加到开发后的 0.856,该研究区域开发后径流系数比开发前平均增长 2.5 倍。

提取不同重现期各流域径流系数,取各流域径流系数平均值作为研究区域总的径流系数。如表 4.11 所示。

表 4.11 不同重现期各流域径流系数

流域编号	1 年	2 年	5 年	10 年
S1	0.588	0.657	0.72	0.753
S2	0.719	0.768	0.811	0.834
S3	0.709	0.759	0.803	0.827
S4	0.746	0.789	0.827	0.848
S5	0.638	0.703	0.759	0.789
S6	0.565	0.638	0.703	0.738
S7	0.542	0.618	0.687	0.725
S8	0.457	0.55	0.633	0.678
S9	0.546	0.62	0.689	0.726
S10	0.585	0.657	0.72	0.754
S11	0.542	0.62	0.69	0.727
S12	0.292	0.393	0.495	0.553
S13	0.509	0.587	0.661	0.701
S14	0.537	0.612	0.682	0.72
S15	0.587	0.656	0.718	0.752
S16	0.46	0.551	0.634	0.678

流域编号	1 年	2 年	5 年	10 年
S17	0.615	0.683	0.742	0.774
S18	0.396	0.502	0.594	0.644
S19	0.306	0.429	0.536	0.594
平均	0.544	0.621	0.690	0.727

为进一步研究流域不透水面积与径流系数的相关关系，绘制流域不透水面积与流域径流系数的散点图，如图 4.16 所示。

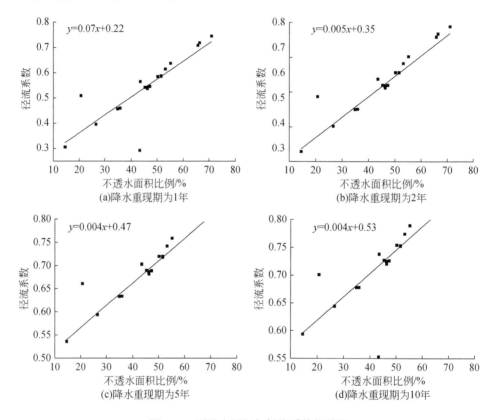

图 4.16　不透水面积与径流系数相关图

由图 4.16 可以看出，除了 S12 偏差较大外，其余各流域不透水面积与流域径流系数都呈现正相关关系，不透水面积比例越大的流域其径流系数越大。

4.4　本 章 小 结

本章以华北水利水电大学教师公寓为研究区域，模拟分析了研究区域在开发前后土地利用的转变及土地利用对降雨径流的影响，其影响主要是入渗，径流，洪峰发生改变，总结如下：

（1）研究区域开发后不透水面积占总面积的 47.61%，直接导致这一区域地表下渗大幅下降，结论表明研究区域开发后下渗能力比修建前平均下降 53.18%，开发后下渗速率达到峰值的时间比开发前平均提前了 8min。

（2）不同流域的下渗能力与流域的不透水面积负相关，流域不透水面积越多其下渗能力越弱。

（3）研究区域开发后径流深比开发前平均增加 2~3 倍，流量比开发前平均增加 5 倍，汇流时间比开发前平均提前 5min，径流系数比开发前平均增大 2.5 倍。

（4）不同流域产流与流域不透水面积正相关，流域不透水面积比例越大，流域径流系数越大，产流越多。

（5）研究区域在开发前 4 个不同重现期均未产生洪水，开发后这一区域出现洪水，说明研究区域不透水面积大幅增加是导致这一区域产生洪水的直接原因。

第五章 暴雨强度公式修订对区域产汇流的影响

5.1 暴雨强度公式修订

城市的排水排涝和防洪关系到国计民生，而城市排水的前提是对城市降雨的情况和规律有清楚的认识和研究，有适合于本地区降雨规律的暴雨强度公式。暴雨强度公式是确定雨水设计流量、城市雨水排水系统规划与设计的基本依据之一，它直接影响到排水工程的投资和城市的安全。暴雨强度公式是重现期（P）、暴雨强度（i）、降雨历时（t）三者间关系的数学表达式，是规划设计雨水管道的基本依据，其可信度和精度直接与收集资料的长短和代表性有关。

伴随着城市的进步，对暴雨强度公式的合理性和区域性提出了更高的要求；城市气象、水文资料的不断积累，也为修订暴雨强度公式以提高其精确性提供了有利条件。郑州市现行的设计暴雨强度公式是 2002 年由中国市政工程华北设计研究院进行修订的，至今又增加了近 10 年的降雨资料，根据时间的推移和气候的变化，需要对该暴雨强度公式进行修订。因此，在这种背景条件下，对于暴雨强度公式进行修订，并将修订后的暴雨强度公式用以进行管网设计，并模拟该管径条件下管网的水动力条件，对于城市的防洪具有一定的理论指导意义。

5.1.1 郑州市暴雨强度公式演变

1982 年，郑州市暴雨强度公式一个是由南京市建筑设计院推算的［式（5.1）］，当时的资料是 1955～1981 年共计 26 年的降雨资料；另一个是由机械工业部第四设计研究院依据相同资料采用数理统计法编制的［式（5.2）］。在过去一段时间内，郑州市常用的是式（5.1）。

最新的郑州市暴雨强度公式是在 2002 年修编郑州市建成区排水专项规划时，由中国市政工程华北设计研究院编制的。利用了 30 年（1971～2000 年）郑州气象站的自记雨量资料（每年选取 10 场大雨），采用年多个样法选样，指数分布模型调整，按经验法确定 b 为 10 后，再用最小二乘法求其他参数。

历年推导的暴雨强度公式如下
1982 年：

$$q = \frac{7650\left[1 + 1.15\lg\left(P + 0.143\right)\right]}{\left(t + 37.3\right)^{0.99}} \tag{5.1}$$

$$q = \frac{3073\left[1 + 0.892 \lg P\right]}{\left(t + 15.1\right)^{0.824}} \qquad (5.2)$$

2002 年:

$$q = \frac{2387\left[1 + 0.257 \lg P\right]}{\left(t + 10.605\right)^{0.792}} \qquad (5.3)$$

式中, i 为降雨强度, mm/min; P 为重现期, 年; t 为降雨历时, min。

随着城市的发展, 郑州市的降雨量和形式也发生了改变, 目前采用的 80 版暴雨强度公式和近年郑州市降雨实情有差距, 因此有必要依据近年及新增的暴雨资料, 科学推求新的郑州市暴雨强度公式。

5.1.2　修订原则及选样方法

根据《室外排水设计规范》(GB 50014-2006)中附录 A 对暴雨强度公式编制方法的规定, 本次暴雨强度公式编制时应遵循如下原则。

5.1.2.1　资料年数

编制暴雨强度公式的依据资料是当地的自记雨量记录。记录年数一般要求在 20 年以上, 最少也要 10 年以上。当资料只有 10 年或者略长一点时, 必须是连续的。统计资料年限越长, 其暴雨强度公式就越能反应当地的暴雨强度规律。本次研究采用河南省气象局提供的郑州市气象站 1961~2010 年的数据资料, 系列长度为 50 年。

5.1.2.2　暴雨历时与重现期

规范要求计算降雨历时采用 5min、10min、15min、20min、30min、45min、60min、90min、120min 共 9 个历时。计算降雨重现期按 0.25 年、0.33 年、0.5 年、1 年、2 年、3 年、5 年、10 年统计。资料条件较好时(资料年数≥20 年、子样点的排列比较规律), 也可统计高于 10 年的重现期。

根据现况管网的实际调研, 大部分排水管网流域的汇流时间在 180min 以内, 因此年多个样法选取降雨样本时, 增加了 150min 和 180min 两个历时。

另外城市规划要同时考虑到原来水利部门负责城市河湖水系排水系统(流域较大的排水系统)和城建部门负责的城市雨水管渠排水系统(流域较小排水系统)的衔接等问题, 本次研究考虑了年最大值法长达 1440min 共 15 个历时系列的暴雨强度公式, 理由是年最大值法取样与河道水文频率计算中应用的选样方法一致, 而历时由原来的短历时延长至 1440min (24h), 可以用于与河道水文洪水频率相沟通、衔接的工程校核。

本次研究确定的研究范围为: 年多个样法降雨历时为 5min、10min、15min、20min、30min、45min、60min、90min、120min、150min、180min 共 11 个历时系列, 重现期为 0.25 年、0.33 年、0.5 年、1 年、2 年、3 年、5 年、10 年、20 年、50 年、100 年; 年最

大值法降雨历时为 5min、10min、15min、20min、30min、45min、60min、90min、120min、150min、180min、240min、360min、720min、1440min 共 15 个历时系列，重现期为 2 年、3 年、4 年、5 年、6 年、7 年、8 年、9 年、10 年、20 年、30 年、50 年、100 年。

5.1.2.3　取样方法

目前，在实用水文统计中，选取雨样的方法通常分为年最大值法和非年最大值法，其中非年最大值法又分为年超大值法、超定量法和年多个样法。

1）年最大值法

该方法是在每年各个历时选取一个降雨强度值的最大值，即在 N 年降雨资料中选取 N 组最大值，其意义是一年发生一次的频率年值。这种方法会使大雨年内排位第二或第三乃至第四的较大雨样被遗漏，从而使小重现期（1～5 年）部分的降雨强度明显偏小，但在大重现期（10 年以上）部分降雨强度相差不大（与年多个样法相比）。各地《水文年鉴》等相关资料上刊布各时段的年最大降雨量，因此年最大值法选样简单，省时省力，在水文统计中应用最广。随着时间的推移，各地积累的降雨资料不断增多，此方法选取雨样独立性较强。

2）年超大值法

该方法是将 N 年的全部降雨资料分不同降雨历时按大小顺序排列，然后选出强度最大的 N 组雨样，平均每年选取一组。此法是从大量的降雨资料中考虑发生次数，其意义是一年发生一次的平均期待值。这种方法会使大雨年选入的资料较多，而小雨年往往没有选入。国外的城市排水中常用此法来选取雨样，而目前在国内的城市排水中还没有应用。

3）超定量法

该方法是选取 N 年全部降雨资料中标准雨样值以上的所有资料，选样数量与资料年数无关，然后将这些资料分不同降雨历时按大小顺序排列，并选出前面最大的 m 组雨样，平均每年选取 3～4 组。此法是从大量的降雨资料中考虑它的发生年，其意义是一年发生多次的平均期待值。这种方法取得的降雨资料不会遗漏大小雨年，更适用于资料年数较少的情况，但统计工作量较大。

4）年多个样法

也称年次大值法，该方法将 N 年全部降雨资料，每年选取 6～8 场次最大的降雨，分不同降雨历时按大小顺序排列，选出前面最大的 m 组雨样，平均每年选取 3～4 组，作为统计的基础资料。此法也是从大量的降雨资料中考虑它的发生年，其意义是一年发生多次的平均期待值。此方法既保证了能够选取较多的雨样，又能体现一定的独立性，并且便于统计，但工作量较大。年多个样法避开了超定量法雨样标准的不确定性，同时兼顾了各地暴雨资料年份不长的不足。

我国《室外排水设计规范》GB50014-2006（2011 年版）推荐：当研究地区具有 10 年以上连续降雨资料时，可以采用年多个样法；当研究地区具有 20 年以上，甚至 30 年以上连续降雨资料时，可以采用年最大值法。我们此次研究选取的资料是 1961～2010

年 50 年的降雨资料，两个条件均满足。

本次研究中所用取样方法有两种，一为年最大值法，即每年取每个降雨历时的一个最大值，从而形成研究系列；另一为年多个样法，每年每个历时选择 8 个最大值，然后不论年次，将每个历时子样按大小次序排列，再从中选择资料年数的 4 倍的最大值，作为统计的基础资料。

之所以确定上述两种选样方法，是考虑：①原公式的选样方法即为年多个样法，故选用该法可以与以前的工作进行很好的衔接，保证工程设计标准的连续性，并使得新推导的公式与原公式具有可比较的条件；②随着城市的发展，设计暴雨重现期的标准也在不断提高，一年几遇的低重现期标准近来已绝少采用，而年最大值法以其选样简单、独立性强、高重现期雨强合理和系列同分布性好等的优势将会在未来的同类工作中被广泛采用，同时由于水利工程设计中一般采用年最大值法选样，故本研究也采用该法即可与水利工程设计进行横向的同条件比较。这部分研究将为今后向采用年最大值法选样转变积累经验。

5.1.2.4　频率分析

规范上规定，选取的各历时降雨资料，一般应用频率曲线加以调整。当精度要求不太高时，可采用经验频率曲线；当精度要求较高时，可采用 P-III 型分布曲线或指数分布曲线等理论频率曲线。根据确定的频率曲线，得出重现期、降雨强度和降雨历时三者的关系，即 P、i、t 关系值。

本次研究确定：年最大值法采用 P-III 型分布及耿贝尔分布的理论频率曲线进行研究；年多个样法则采用 P-III 型分布及指数分布的理论频率曲线进行研究。

5.1.2.5　暴雨强度公式参数

根据 P、i、t 关系值求得 b、n、A_1、C 各个参数，将求得的各参数代入，即得暴雨强度公式。

$$q = \frac{167A_1\left(1 + C\lg P\right)}{\left(t + b\right)^n} \tag{5.4}$$

5.1.2.6　精度要求

计算抽样误差和暴雨公式均方差。一般按绝对均方差计算，也可辅以相对均方差计算。计算重现期在 0.25～10 年时，在一般强度的地方，平均绝对方差不宜大于 0.05mm/min。在较大强度的地方，平均相对方差不宜大于 5%。

本项研究的计算重现期考虑扩展到 100 年，同时样本历时扩展到 180min 和 1440min，已超越了现行规范规定的范围（历时、取样方法），误差分析的标准应根据实际情况进行论述。

5.1.3 郑州市降雨资料选样

5.1.3.1 资料收集

本研究所用的资料系由河南省气象局档案馆提供的郑州市气象站 1961～2010 年共计 50 年全部通过数据审核的自记暴雨雨量资料。其中 1961～2005 年为自记雨量计用记录纸资料，形式为纸质图形文件；2005 年之后则增加了自动雨量记录资料，可提供形式为电子数据格式的资料文件。

后来国家气象局主持编制了降雨记录的数据采集软件，目的是将纸质文件资料电子化，图形文件资料数据化从而达到气象资料信息化的要求。通过运用该软件进行处理，将 1961～2005 年全部标准格式的自记雨量计用记录纸的图形信息转换成统一格式的逐分钟降雨量记录电子数据。处理后数据再会同 2006 年之后的自动雨量记录的电子文件即成为完整的数据资料系列。

最终的原始数据均由河南省气象局档案室提供，其形式为按年份逐分钟的降雨量电子数据文档（见图 3.1）。

然后气象部门编制专门的程序，将每年降雨按要求分场次，再从每场雨中挑出相应历时雨强的前 8 个最大值。

5.1.3.2 资料整理

资料选取和处理时要注意以下事项：

（1）要求记录的降雨自记曲线完整，如果有一些小的缺失，但能根据已知数据用适当方法插补延长或者调整时，也可以采用。

（2）按照规范每年选取降雨历时为 5min、10min、15min、20min、30min、45min、60min、90min、120min，每个历时取 8 个最大降雨强度值。年多个样法增加 150min、180min 两个历时，每个历时取 8 个最大降雨强度值；年最大值法选取降雨历时为 5min、10min、15min、20min、30min、45min、60min、90min、120min、150min、180min、240min、360min、720min、1440min 的每年最大降雨强度值。

（3）当一次降雨包含前后两段达到选取标准的高强度部分时，若中间低于 0.1mm/min 的降雨（包括停止降雨）持续时间超过 120min，应分为两场雨统计。

（4）有时一场雨的实际降雨总历时小雨暴雨公式所规定的统计历时，特别是 120min、150min、180min、240min、360min、720min、1440min 这几个较长的历时，这种情况，统计上规定：大于实际降雨总历时的各时段降雨强度仍由总降雨量除以各该时段而求得。

这种规定，把降雨已经停止的历时还照应按有雨来统计，在汇流上很难讲通，但目前尚无较合理的方法，只能暂时沿用。经过处理之后得出的数据如下。

年最大值法：每年取 15 个历时（5min、10min、15min、20min、30min、45min、60min、90min、120min、150min、180min、240min、360min、720min、1440min）的 1

个最大降雨强度，50 年共有 750 个样本组成暴雨资料系列。再分别按照历时进行分类排序，计算每个历时的暴雨强度，并统计相应的经验频率。

年多个样法：取规范规定的 9 个历时（5min、10min、15min、20min、30min、45min、60min、90min、120min），再增加 150、180min 共 11 个历时，每个历时每年选取 8 个最大暴雨资料，50 年共 4400 个样本，按照历时分别进行排序，并取每个历时的前 200 个（4 倍的实测年数）数据，合计 2200 个样本组成暴雨资料系列，计算每个历时的暴雨强度，并同时统计经验频率。

5.1.4　数据分析

降雨资料是计算暴雨强度公式的基础，它直接影响着公式的准确性和精度，因此，必须对资料系列进行可靠性、一致性及代表性审查。

5.1.4.1　可靠性

基础资料的可靠性，是指所引用的基本资料、数据、时期等，都要满足两条要求：一是可靠，二是适应研究目标及内容的精度要求。基础资料必须具有足够的可靠性，能保证成果的合理性。

本课题研究的原始降雨资料取自郑州市建站最早的观象台站，该观象台符合国家标准，自 1954 年就有完整的全年自记雨量观测记录，至今已经有 58 年的整年的观测记录并完好地保存在河南省气象局档案室。图形文件数值化的工作系 2004 年国家气象局的专项课题，具有良好的可靠性；而为本课题的数据整理所编制的专用软件经多次验证无误，所以说本次雨量资料整理的基础是完整、可信的。

5.1.4.2　一致性

一致性，是指所用的资料系列必须是在同一自然条件下产生的或是同一种类型的水文因素，不能混合统计不同性质的、各种条件下产生的资料系列。影响系列一致性主要有两类现象。一是人类活动的影响；二是气象成因的不同。

郑州市气象站作为郑州市主要气象观测站，其站址的确定进过严格的论证，其雨量测量、记录工具等都是符合国家规范的。其雨量资料受人文因素影响较小，具有随机性。

本研究用单累积曲线法对引用的水文资料进行一致性分析，其基本理论如下：

设有年径流系列 X_t（t=1，2，…，n），则有

$$X_{et} = \sum_{i=1}^{t} X_i = \sum_{i=1}^{t-1} X_i + X_t \tag{5.5}$$

式中，X_{et} 为第 t 时段的累积降雨量。

绘制 X_{et} 的过程线，若降雨资料一致性很好，过程线总趋势呈单一直线关系（具有周期性波动）。若资料一致性遭到破坏，则会形成多条斜率不同的直线。结果表明一致性不错。

5.1.4.3　代表性

水文系列的代表性，反映了系列代表总体统计特征的程度。一般应首先进行资料可靠性和系列一致性分析，然后进行样本的代表性分析。

郑州市气象站有 50 年的连续自记雨量记录，通过分析其年最大 24h 降雨量系列，评价其资料的代表性。

郑州市气象站 1961～2010 年年最大 24h 降雨量进行统计，结果表明降雨连续系列是偏丰期与偏枯期是交替出现的。经过气象局档案室的核实，这个规律和郑州市多年来的降雨变化是一致的，因此郑州市气象站的降雨资料对郑州市城区是具有代表性的。

5.1.5　频率分析

5.1.5.1　频率分布模型

在我国水文频率计算过程中，P-III型分布曲线作为首选线型得到了广泛应用。但是也有专家学者认为 P-III型分布是三参公式，计算相对复杂，难以达到理论精度，他们就推荐两参公式的指数分布模型，而耿贝尔（Gumbel）分布在年最大值选样中的拟合精度较高。总之，各地根据经验选用的频率分析方法不尽相同，学术界对此也没有统一认识。鉴于这种实际情况，本项研究对 3 种方法进行全面研究，最终根据样本和理论频率曲线的拟合程度，确定本项研究推荐的理论频率分布曲线。

所以，此次研究对年多个样法采用 P-III型分布和指数分布模型进行频率分析，年最大值选样采用 P-III型分布和耿贝尔（Gumbel）模型进行频率分析。

5.1.5.2　频率分析应用计算

暴雨强度公式编制的基础是气象部门提供的降雨资料，其降雨数据具有较大的随机性。运用数理统计中常用的频率分析方法对其进行分析计算，得出适宜的 P-i-t 关系以便准确地推求郑州市暴雨强度公式是本课题研究的主要任务。因此选择合适的频率分析方法显得尤为重要。

本课题的研究对上述几种频率分析方法均进行了考察，经过分析讨论后确定，在以年多个样法选样的分析工作中采用 P-III分布及指数分布两种曲线进行频率分析；而在以年最大值法选样的分析工作中则采用 P-III分布及 Gumbel 分布两种曲线进行频率分析。对每种选样方法所采用的不同频率分析曲线的结果均进行暴雨强度公式的推求，并对其进行比较分析，最终推荐适宜的成果。

5.1.6　密度分布

随机变量的取值总是伴随着相应的概率，而概率的大小随着随机变量的取值而变化，这种随机变量与其概率一一对应的关系，称为随机变量的概率分布规律。由于连续型随机变量的可取值是无限多个，所以个别取值的概率几乎等于零，因而只能以区间的概率来分析其分布规律。

为了比较样本的概率分布更接近于哪种频率分布，需要对相应的样本进行密度分析。即以一定区间的降雨强度为横坐标，以相应雨强所对应的概率作为纵坐标做出二维柱状图，以图像的趋势判断其频率分布曲线。

利用 Excel 对所采集的数据样本进行密度分析，从而确定其符合的理论频率曲线横坐标为一定间隔的雨强，纵坐标为相应雨强值间隔的雨强在总样本数中所占的百分比。分析得出的柱状图，可知密度分布曲线符合 P-III 型曲线类型。所以郑州市选取的 50 年年多个样法样本系列和年最大值法样本系列均符合 P-III 型曲线分布。

结论：根据以上分析，无论是年次大值法还是年最大值法，均是 P-III 分布最好，这是与样本的特性有关的。郑州市 50 年的年次大值样本系列和年最大值样本系列均为 P-III 型曲线分布，郑州市城市暴雨强度公式可以采用 P-III 型曲线分布进行频率计算。

5.1.7　推求方法及结果

5.1.7.1　暴雨强度公式的类型

1）分公式

分公式即单一重现期计算公式。其是 $i=i(t, A, b, n)$，式中，t 为历时；A，b，n 为公式的参数。对于每一个重现期 T，各有一个计算公式，有 n 个重现期，就有 n 个公式，各计算公式形式相同，但是 A，b，n 参数不同。

2）总公式

总公式即包含各重现期的统一计算公式。其是 $i=i(t, T, A, b, n)$，式中，t 为历时；T 为重现期；A，b，n 为公式的参数，这种公式适用于各重现期。

单一重现期的分公式精度较高并且便于统计，包含各重现期的总公式比分公式在精度上有损失，但能表示暴雨的整体规律而应用广泛。综合考虑，这次郑州市暴雨强度公式修编包括总公式和分公式的修编。

5.1.7.2　暴雨强度公式类型的选择

暴雨强度公式类型的选择直接影响着能否较好地反映由频率分布模型所确定的强度-历时-重现期表的规律，所以公式类型的选择应从符合客观暴雨规律出发，同时要兼顾公式形式在统计与应用上的简易性。我国排水工程设计手册上提到 3 种形式

$$i = \frac{A}{(t+b)^n}, \ i = \frac{A}{t^n}, \ i = \frac{A}{t+b} \tag{5.6}$$

式中，t 为降雨历时；b 为时间参数；n 为衰减指数；A 为雨力，$A=A_1(1+C \lg T)$。

室外排水设计规范中给出了根据（i，t）点据在双对数坐标纸上的曲线形式来选择上述 3 种模式：

形状为直线，采用 $i = \dfrac{A}{t^n}$，这种形式在苏联广泛使用；

形状为略向下弯的曲线，采用 $i = \dfrac{A}{(t+b)^n}$，这种形式在我国和美国广泛使用，这也是我国排水规范上推荐的形式；

形状为略向上弯的曲线，采用 $i = \dfrac{A}{t+b}$，这种形式在日本广泛使用。

此次项目利用选样和频率调整后确定的 P-i-t 表，绘制不同重现期下的 i-t 曲线，其结果表明所有曲线呈现明显的下弯特征。

所以，郑州市暴雨强度公式的形式如下，与规范中推荐的公式形式一致。

$$i = \frac{A}{(t+b)^n} \tag{5.7}$$

5.1.8　公式的各种推求方法

为了保证公式的精度，本书的公式推求方法不仅采用传统图解结合最小二乘法，还根据现行给排水设计手册推荐和有关文献提供的 4 种经典方法以及新研究的一种新方法共 6 种方法，来进行郑州市暴雨强度公式推求。这 6 种方法包括：图解最小二乘法、倍比搜索法、北京简化法、南京法、SPSS 法和遗传算法。

使用上述 6 种方法分别推求出总公式和分公式，从中选取误差最小的公式作为推荐公式。

基于 P-3 分布的频率调整记忆上述各种方法推求的公式结果见表 5.1 和表 5.2。该表是基于 5～120min 历时，0.25～100 年（年多样法）、2～100 年（年最大值法）得出的。

表 5.1　年多样法计算结果

计算方法	A	b	n	C	绝对误差	相对误差%
图解最小二乘法	45.37	25	0.989	0.841	0.059	4.6
倍比搜索法	39.13	25.5	0.943	0.793	0.039	4.4
南京法	44.88	27.8	0.967	0.792	0.044	4.9
北京简化法	12.08	10	0.728	0.841	0.1	6.3
SPSS 法	44.32	27.9	0.962	0.791	0.048	4.8
遗传算法	38.16	25.7	0.936	0.790	0.044	4.8

表 5.2　年最大值法计算结果

计算方法	A	b	n	C	绝对误差	相对误差%
图解最小二乘法	24.71	21	0.986	0.880	0.038	2.5
倍比搜索法	37.23	26	0.954	0.953	0.029	2.1

续表

计算方法	A	b	n	C	绝对误差	相对误差%
南京法	24.71	21	0.880	0.986	0.068	5.5
北京简化法	9.68	10	0.693	0.986	0.089	5.8
SPSS 法	35.21	25.8	0.976	0.944	0.03	4.1
遗传算法	34.4	26	0.959	0.934	0.032	3.2

　　从上表可以看出倍比搜索法的年多个样法计算结果和年最大值计算结果误差最小，因此将用倍比搜索法来推求其他系列的公式。

5.1.9　误差分析和公式对比

5.1.9.1　误差分析

　　分析样本通过频率分布模型来求取样本的总体规律，其间必然存在着抽样误差。由频率分布模型所确定的各历时的总体规律在用暴雨公式全面表示降雨强度-历时-重现期时也必然存在着统计误差。误差计算的目的在于检查资料与配置公式的拟合是否良好的程度。上述两种误差的反映通常用绝对均方差和相对均方差表示。

　　根据规范的规定，以平均绝对均方差和平均相对均方差衡量推求的暴雨强度公式精度。将得出的参数 A_1，C，n，b 分别代入公式中，求出不同条件下总公式的雨强值 x，根据此雨强值与前述频率分析后产生的 P-i-t 表格中的雨强值可以计算出相应地残差平方和 σ、绝对均方差 S_{11} 以及相对均方差 S_{12}。

$$\sigma = \sum_{i=1}^{m_2} \sum_{j=1}^{m_1} \left(x_{ij} - x_{jp} \right)^2 \tag{5.8}$$

$$S_{11} = \sqrt{\frac{1}{m_1} \sum_{j=1}^{m_1} \left(x_{ij} - x_{jp} \right)^2} \tag{5.9}$$

$$\overline{S_{11}} = \frac{1}{m_2} \sum_{i=1}^{m_2} \left(\sqrt{\frac{1}{m_1} \sum_{j=1}^{m_1} \left(x_{ij} - x_{jp} \right)^2} \right) \tag{5.10}$$

$$S_{12} = \frac{1}{x_{jp}} \sqrt{\frac{1}{m_1} \sum_{j=1}^{m_1} \left(x_{ij} - x_{jp} \right)^2} \tag{5.11}$$

$$\overline{S_{12}} = \frac{1}{m_2} \sum_{i=1}^{m_2} \left(\frac{1}{x_{jp}} \sqrt{\frac{1}{m_1} \sum_{j=1}^{m_1} \left(x_{ij} - x_{jp} \right)^2} \right) \tag{5.12}$$

　　式中，σ 为残差平方和；m_1 为统计降雨历时的个数；m_2 为统计重现期的个数；x_{ij} 为参数带入暴雨公式后计算出的雨强，mm/min；x_{jp}，$\overline{x_{jp}}$ 为经频率调整后计算得出的暴雨强度值及每个重现期的均值，mm/min；S_{11}，S_{12} 为总公式的每个重现期的绝对均方差和相对均方差；$\overline{S_{11}}$，$\overline{S_{12}}$ 为总公式的平均绝对均方差和平均相对均方差。

5.1.9.2　新公式对比

公式比较即对用不同选样方法或不同频率分布分析方法所推导的各个不同暴雨强度公式进行比较，其过程所采用的数据为利用各推导公式按照不同的重现期计算不同历时的降雨强度而得出的 *P-i-t* 值，与经过各种分布频率分析而得出的 *P-i-t* 值是不同的。

对比方式有：同一选样方法，相同频率模型下不同历时公式的对比；同一选样方法的不同频率模型下推出的公式对比；不同选样方法下公式对比；和以前版本公式的对比。

1）年多样法不同历时公式对比

本研究在年多个样法的历时研究中，比原来增加了 150min 及 180min 两个历时，使得短历时有所延长，为与原来工作进行衔接和方便使用，在公式的推导中分别研究了 5～120min（原历时系列）和 5～180min（延长历时系列）两组公式，首先应对这两种历时系列进行对比，以考察适当延长短历时的研究是否可行与合理。

所比较的两个系列公式均按 P-Ⅲ分布频率曲线推导公式进行，比较 5～180min 系列中的前 9 个历时与 5～120min 系列的公式计算值之间的关系，两者具有可比性。

年多个样法 P-Ⅲ分布 5～120min 系列公式的计算 *P-i-t* 表详见表 5.3。

表 5.3　5～120min 系列公式的计算 *P-i-t* 表　　（单位：mm/min）

历时（*t*）/min	重现期（*P*）/年										
	0.25	0.33	0.5	1	2	3	5	10	20	50	100
5	0.814	0.962	1.185	1.556	1.928	2.145	2.419	2.790	3.162	3.652	4.024
10	0.705	0.834	1.027	1.349	1.671	1.859	2.096	2.418	2.740	3.165	3.487
15	0.623	0.736	0.907	1.191	1.475	1.642	1.851	2.135	2.420	2.795	3.079
20	0.558	0.660	0.813	1.067	1.322	1.471	1.659	1.913	2.168	2.505	2.759
30	0.463	0.547	0.674	0.885	1.096	1.220	1.375	1.586	1.797	2.077	2.288
45	0.369	0.437	0.538	0.706	0.875	0.973	1.097	1.266	1.434	1.657	1.826
60	0.308	0.364	0.448	0.589	0.729	0.811	0.915	1.055	1.196	1.381	1.522
90	0.232	0.274	0.337	0.443	0.549	0.611	0.689	0.795	0.900	1.040	1.146
120	0.186	0.220	0.271	0.356	0.442	0.491	0.554	0.639	0.724	0.837	0.922

年多个样法 P-Ⅲ分布 5～180min 系列公式的计算 *P-i-t* 表详见表 5.4。

表 5.4　5～180min 系列公式的计算 *P-i-t* 表　　（单位：mm/min）

历时（*t*）/min	重现期（*P*）/年										
	0.25	0.33	0.5	1	2	3	5	10	20	50	100
5	0.811	0.960	1.183	1.555	1.926	2.144	2.418	2.789	3.161	3.652	4.024
10	0.703	0.832	1.025	1.348	1.670	1.858	2.096	2.418	2.741	3.167	3.489

续表

历时（t）/min	重现期（P）/年										
	0.25	0.33	0.5	1	2	3	5	10	20	50	100
15	0.621	0.735	0.906	1.190	1.475	1.642	1.851	2.136	2.421	2.797	3.082
20	0.557	0.659	0.812	1.067	1.322	1.471	1.659	1.914	2.169	2.506	2.762
30	0.461	0.546	0.673	0.884	1.096	1.220	1.376	1.587	1.799	2.078	2.290
45	0.368	0.436	0.537	0.706	0.874	0.973	1.097	1.266	1.435	1.658	1.827
60	0.307	0.363	0.447	0.588	0.729	0.811	0.915	1.055	1.196	1.382	1.522
90	0.231	0.273	0.337	0.442	0.548	0.610	0.688	0.794	0.900	1.040	1.145
120	0.186	0.220	0.271	0.356	0.441	0.490	0.553	0.638	0.723	0.836	0.921
150	0.155	0.184	0.227	0.298	0.369	0.411	0.463	0.534	0.606	0.700	0.771
180	0.134	0.158	0.195	0.256	0.318	0.354	0.399	0.460	0.521	0.603	0.664

定义 5～120min 历时系列的公式计算降雨强度值为 i_{1n}，5～180min 历时系列的公式计算降雨强度值为 i_{2n}，两者差值的比率称为差率，其计算式为

$$差率＝（i_{1n}-i_{2n}）/i_{2n}×100\% \tag{5.13}$$

两者的差率计算结果详见表 5.5。

表 5.5　两种不同历时公式计算 *P-i-t* 值差率表　　　　（单位：%）

历时（t）/min	重现期（P）/年										
	0.25	0.33	0.5	1	2	3	5	10	20	50	100
5	0.31	0.25	0.18	0.12	0.08	0.06	0.05	0.03	0.01	0.00	-0.01
10	0.26	0.20	0.14	0.08	0.04	0.02	0.00	-0.01	-0.03	-0.04	-0.05
15	0.24	0.18	0.12	0.05	0.01	0.00	-0.02	-0.04	-0.05	-0.06	-0.07
20	0.23	0.17	0.11	0.04	0.00	-0.01	-0.03	-0.05	-0.06	-0.08	-0.08
30	0.23	0.17	0.10	0.04	0.00	-0.02	-0.03	-0.05	-0.06	-0.08	-0.09
45	0.25	0.19	0.13	0.06	0.02	0.00	-0.01	-0.03	-0.04	-0.06	-0.06
60	0.28	0.22	0.16	0.09	0.05	0.04	0.02	0.00	-0.01	-0.02	-0.03
90	0.35	0.29	0.23	0.17	0.13	0.11	0.09	0.08	0.06	0.05	0.04
120	0.42	0.36	0.30	0.24	0.20	0.18	0.16	0.14	0.13	0.12	0.11

从表 5.5 中可以看出，在 0.25～2 年小重现期，120min 系列公式计算的雨强值较 180min 系列公式计算的雨强值大，在 3～100 年大重现期，120min 系列公式计算的雨强值较 180min 系列公式计算的雨强值小，但差率均小于 0.5%，差率的总平均值为 0.12%。说明两者总体水平相差不大，即表明将计算暴雨强度公式的短历时研究范围适当延长至 180min 是合理的、可行的。

以下的各组公式比较时若涉及年多个样法的公式，均以 5～180min 历时系列公式为

选择对象进行。

2）年多个样法 P-III 分布与指数分布推导公式对比

用年多个样法的 P-III 分布与指数分布所推导的 5～180min 历时系列公式计算而得的 *P-i-t* 数据分别详见表 5.4 和表 5.6。

表 5.6　指数分布公式计算值表　　　　　（单位：mm/min）

历时（*t*）/min	重现期（*P*）/年										
	0.25	0.33	0.5	1	2	3	5	10	20	50	100
5	0.815	0.962	1.183	1.551	1.919	2.135	2.406	2.774	3.142	3.629	3.997
10	0.707	0.835	1.026	1.346	1.665	1.852	2.087	2.406	2.726	3.148	3.467
15	0.625	0.738	0.907	1.189	1.471	1.637	1.845	2.127	2.409	2.782	3.064
20	0.560	0.661	0.813	1.066	1.319	1.467	1.654	1.907	2.160	2.494	2.747
30	0.465	0.549	0.675	0.885	1.095	1.218	1.372	1.582	1.792	2.070	2.280
45	0.371	0.438	0.539	0.707	0.874	0.972	1.096	1.264	1.431	1.653	1.821
60	0.310	0.366	0.449	0.589	0.729	0.811	0.914	1.054	1.194	1.379	1.519
90	0.233	0.275	0.339	0.444	0.549	0.611	0.689	0.794	0.900	1.039	1.144
120	0.188	0.222	0.272	0.357	0.442	0.492	0.554	0.639	0.724	0.836	0.921
150	0.157	0.186	0.228	0.299	0.370	0.412	0.464	0.535	0.607	0.700	0.772
180	0.136	0.160	0.197	0.258	0.319	0.355	0.400	0.461	0.523	0.604	0.665

对照各重现期相同条件下的不同公式计算降雨强度曲线关系，从暴雨强度公式的计算值看，年多个样法之 P-III 与指数分布两种频率分析后推导的暴雨强度公式基本一致，参数略有变化，暴雨强度计算值的变化趋势为：

0.25～0.5 年重现期，P-III 分布推求的公式所计算的降雨强度数值小于指数分布，但是差值很小；

1～100 年重现期，P-III 分布推求的公式所计算的降雨强度数值大于指数分布，两者差值很小；

再从误差分析看，P-III 分布推求的公式的平均绝对均方差小，满足规范要求；而指数分布推求公式误差大于规范的规定的误差。

结论：P-III 分布推导的公式优于指数分布公式。

3）年最大值 P-III 分布与 Gumbel 分布推求公式对比

与年多个样法中 P-III 分布与指数分布的比较相同，年最大值法中的 P-III 分布与 Gumbel 分布所推导的暴雨强度公式的比较，亦从数据表和图形两方面分别进行。

具体详见表 5.7、表 5.8。

表 5.7 年最大值法 P-Ⅲ分布公式计算 P-i-t 表　　　（单位：mm/min）

历时（t）/min	重现期（P）/年												
	2	3	4	5	6	7	8	9	10	20	30	50	100
5	1.81	2.04	2.21	2.34	2.45	2.54	2.62	2.68	2.75	3.15	3.39	3.68	4.09
10	1.57	1.77	1.92	2.03	2.12	2.20	2.27	2.32	2.38	2.73	2.93	3.19	3.54
15	1.38	1.56	1.69	1.79	1.87	1.94	2.00	2.05	2.10	2.41	2.59	2.82	3.12
20	1.24	1.40	1.51	1.60	1.68	1.74	1.79	1.84	1.88	2.16	2.32	2.52	2.80
30	1.03	1.16	1.26	1.33	1.39	1.44	1.49	1.52	1.56	1.79	1.92	2.09	2.32
45	0.82	0.93	1.00	1.06	1.11	1.15	1.19	1.22	1.25	1.43	1.54	1.67	1.85
60	0.68	0.77	0.84	0.89	0.93	0.96	0.99	1.02	1.04	1.19	1.28	1.39	1.55
90	0.52	0.58	0.63	0.67	0.70	0.72	0.75	0.77	0.78	0.90	0.97	1.05	1.17
120	0.42	0.47	0.51	0.54	0.56	0.58	0.60	0.62	0.63	0.73	0.78	0.85	0.94
150	0.35	0.40	0.43	0.45	0.47	0.49	0.51	0.52	0.53	0.61	0.65	0.71	0.79
180	0.30	0.34	0.37	0.39	0.41	0.42	0.44	0.45	0.46	0.53	0.56	0.61	0.68
240	0.24	0.27	0.29	0.31	0.32	0.33	0.34	0.35	0.36	0.41	0.44	0.48	0.54
360	0.17	0.19	0.21	0.22	0.23	0.24	0.24	0.25	0.25	0.29	0.31	0.34	0.38
720	0.09	0.10	0.11	0.12	0.12	0.13	0.13	0.13	0.14	0.16	0.17	0.19	0.21
1440	0.05	0.05	0.06	0.06	0.07	0.07	0.07	0.07	0.07	0.08	0.09	0.10	0.11

表 5.8 年最大值法 Gumbel 分布公式计算 P-i-t 表　　　（单位：mm/min）

历时（t）/min	重现期（P）/年												
	2	3	4	5	6	7	8	9	10	20	30	50	100
5	1.78	2.00	2.17	2.29	2.39	2.48	2.56	2.62	2.68	3.07	3.30	3.59	3.98
10	1.56	1.76	1.91	2.02	2.11	2.18	2.25	2.31	2.36	2.70	2.91	3.16	3.50
15	1.40	1.58	1.70	1.80	1.88	1.95	2.01	2.06	2.11	2.42	2.60	2.82	3.13
20	1.26	1.42	1.54	1.63	1.70	1.76	1.82	1.86	1.91	2.18	2.35	2.55	2.83
30	1.06	1.20	1.29	1.37	1.43	1.48	1.53	1.57	1.60	1.83	1.97	2.14	2.38
45	0.86	0.97	1.04	1.11	1.16	1.20	1.23	1.27	1.29	1.48	1.59	1.73	1.92
60	0.72	0.81	0.88	0.93	0.97	1.01	1.04	1.06	1.09	1.25	1.34	1.45	1.61
90	0.55	0.62	0.67	0.71	0.74	0.76	0.79	0.81	0.83	0.95	1.02	1.10	1.23
120	0.44	0.50	0.54	0.57	0.60	0.62	0.64	0.65	0.67	0.76	0.82	0.89	0.99
150	0.37	0.42	0.45	0.48	0.50	0.52	0.53	0.55	0.56	0.64	0.69	0.75	0.83
180	0.32	0.36	0.39	0.41	0.43	0.45	0.46	0.47	0.48	0.55	0.60	0.65	0.72
240	0.25	0.28	0.31	0.33	0.34	0.35	0.36	0.37	0.38	0.44	0.47	0.51	0.56
360	0.18	0.20	0.22	0.23	0.24	0.25	0.26	0.26	0.27	0.31	0.33	0.36	0.40
720	0.09	0.11	0.12	0.12	0.13	0.13	0.14	0.14	0.14	0.16	0.18	0.19	0.21
1440	0.05	0.06	0.06	0.06	0.07	0.07	0.07	0.07	0.08	0.09	0.09	0.10	0.11

对比综合分析，在短历时如 5～15min，P-Ⅲ推求的暴雨强度公式的设计值比 Gumbel 推求的暴雨强度公式的计算值大；从 20～1440min 这些长历时，Gumbel 推求的暴雨强度设计值要比 P-Ⅲ推求的暴雨强度设计值大，这与前面频率调整后得出的 P-i-t 关系一致。

但从误差分析看，P-Ⅲ分布推求的公式的平均绝对均方差小于 Gumbel 分布推求公式的平均绝对均方差。

结论是 P-Ⅲ分布推导的公式优于 Gumbel 分布公式。

4）年最大值法与年多个样法推导公式的比较

年最大值法与年多个样法均各推导出几组不同频率分布的公式，其各自的 P-Ⅲ分布频率曲线推导的公式均较其他的为优，两种频率分布均用倍比搜索法推导出的公式误差最小，本次研究将对倍比搜索法推求出的两组公式进行对比。为了方便对比，对比历时采用 5～180min，重现期为 2～100 年。

两组公式推算的 P-i-t 见表 5.9 和表 5.10。

表 5.9　年多样法 P-Ⅲ分布公式计算 P-i-t 表　　（单位：mm/min）

历时（t）/min	重现期（P）/年												
	2	3	4	5	6	7	8	9	10	20	30	50	100
5	1.93	2.14	2.30	2.42	2.52	2.60	2.67	2.73	2.79	3.16	3.38	3.65	4.02
10	1.67	1.86	1.99	2.10	2.18	2.25	2.31	2.37	2.42	2.74	2.93	3.17	3.49
15	1.48	1.64	1.76	1.85	1.93	1.99	2.04	2.09	2.14	2.42	2.59	2.80	3.08
20	1.32	1.47	1.58	1.66	1.73	1.78	1.83	1.88	1.91	2.17	2.32	2.51	2.76
30	1.10	1.22	1.31	1.38	1.43	1.48	1.52	1.55	1.59	1.80	1.92	2.08	2.29
45	0.87	0.97	1.04	1.10	1.14	1.18	1.21	1.24	1.27	1.43	1.53	1.66	1.83
60	0.73	0.81	0.87	0.91	0.95	0.98	1.01	1.03	1.06	1.20	1.28	1.38	1.52
90	0.55	0.61	0.65	0.69	0.72	0.74	0.76	0.78	0.79	0.90	0.96	1.04	1.15
120	0.44	0.49	0.53	0.55	0.58	0.59	0.61	0.63	0.64	0.72	0.77	0.84	0.92
150	0.37	0.41	0.44	0.46	0.48	0.50	0.51	0.52	0.53	0.61	0.65	0.70	0.77
180	0.32	0.35	0.38	0.40	0.41	0.43	0.44	0.45	0.46	0.52	0.56	0.60	0.66

表 5.10　年最大值法 P-Ⅲ分布公式计算 P-i-t 表　　（单位：mm/min）

历时（t）/min	重现期（P）/年												
	2	3	4	5	6	7	8	9	10	20	30	50	100
5	1.81	2.04	2.21	2.34	2.45	2.54	2.62	2.68	2.75	3.15	3.39	3.68	4.09
10	1.57	1.77	1.92	2.03	2.12	2.20	2.27	2.32	2.38	2.73	2.93	3.19	3.54
15	1.38	1.56	1.69	1.79	1.87	1.94	2.00	2.05	2.10	2.41	2.59	2.82	3.12
20	1.24	1.40	1.51	1.60	1.68	1.74	1.79	1.84	1.88	2.16	2.32	2.52	2.80

续表

历时（t）/min	重现期（P）/年												
	2	3	4	5	6	7	8	9	10	20	30	50	100
30	1.03	1.16	1.26	1.33	1.39	1.44	1.49	1.52	1.56	1.79	1.92	2.09	2.32
45	0.82	0.93	1.00	1.06	1.11	1.15	1.19	1.22	1.25	1.43	1.54	1.67	1.85
60	0.68	0.77	0.84	0.89	0.93	0.96	0.99	1.02	1.04	1.19	1.28	1.39	1.55
90	0.52	0.58	0.63	0.67	0.70	0.72	0.75	0.77	0.78	0.90	0.97	1.05	1.17
120	0.42	0.47	0.51	0.54	0.56	0.58	0.60	0.62	0.63	0.73	0.78	0.85	0.94
150	0.35	0.40	0.43	0.45	0.47	0.49	0.51	0.52	0.53	0.61	0.65	0.71	0.79
180	0.30	0.34	0.37	0.39	0.41	0.42	0.44	0.45	0.46	0.53	0.56	0.61	0.68

再将相对应的数组进行比较，按照差率计算制成差率表。年最大值法与年多个样法算值差率表详见表 5.11。

差率表中计算公式为

$$差率＝（i_1-i_2）/i_2×100\%　　　　　　　　(5.14)$$

式中，i_1 为表 5.9 中的降雨强度计算值；i_2 为表 5.10 中的降雨强度计算值。

表 5.11　年最大值法与年多个样法计算值差率表　　　　（单位：%）

历时（t）/min	重现期（P）/年												
	2	3	4	5	6	7	8	9	10	20	30	50	100
5	6.53	4.85	3.88	3.22	2.73	2.35	2.04	1.79	1.57	0.34	-0.24	-0.86	-1.57
10	6.67	4.99	4.02	3.36	2.87	2.49	2.18	1.93	1.71	0.48	-0.10	-0.73	-1.43
15	6.75	5.07	4.09	3.43	2.94	2.56	2.26	2.00	1.78	0.55	-0.03	-0.66	-1.36
20	6.78	5.10	4.12	3.46	2.97	2.59	2.28	2.03	1.81	0.58	0.00	-0.63	-1.34
30	6.76	5.08	4.10	3.44	2.96	2.58	2.27	2.01	1.79	0.56	-0.02	-0.65	-1.35
45	6.65	4.97	3.99	3.33	2.85	2.47	2.16	1.90	1.68	0.46	-0.12	-0.75	-1.46
60	6.50	4.82	3.85	3.19	2.70	2.32	2.01	1.76	1.54	0.31	-0.27	-0.89	-1.60
90	6.18	4.51	3.54	2.88	2.39	2.02	1.71	1.45	1.24	0.01	-0.57	-1.19	-1.89
120	5.88	4.21	3.25	2.59	2.11	1.73	1.42	1.17	0.95	-0.27	-0.84	-1.47	-2.17
150	5.61	3.95	2.98	2.33	1.85	1.47	1.17	0.91	0.70	-0.52	-1.10	-1.72	-2.41
180	5.37	3.71	2.75	2.10	1.62	1.24	0.94	0.68	0.47	-0.75	-1.32	-1.94	-2.64

由上表可以看出：除了高重现期长历时个别值外，年多样法的计算结果较年最大值法计算结果大。

对照各重现期（2～100 年）相同条件下（5～180min）的不同公式计算降雨强度关系曲线，可更清晰、明确地看出两组公式的差距。分析结果表明：30 年、50 年、100年 3 个重现期，年多个样法的暴雨强度计算值小于年最大值法，平均差率值为-1.07%。

其他各重现期，年多个样法的计算值均比年多样法的计算值大，平均差率值为 2.74%。

总体结论是年多个样法 P-III（5～180min 历时）公式计算降雨强度值大于年最大值法对应计算值。而总体趋势是随历时增加其差值减小，随重现期增加其差值亦减小。

5.1.9.3　新公式与 80 版公式对比

80 版公式有两个，常用的是公式一，而且 80 版公式采用的是年多个样法选样推求的公式，所以采用年多样法推求的新公式和 80 版公式一进行对比，

80 版公式 1

$$q = \frac{7650\left[1+1.15\lg\left(P+0.143\right)\right]}{\left(t+37.3\right)^{0.99}} \tag{5.15}$$

经过转换

$$i = \frac{45.808\left[1+1.15\lg\left(P+0.143\right)\right]}{\left(t+37.3\right)^{0.99}} \tag{5.16}$$

年多个样法采用倍比搜索法推求的新公式

$$P=0.25\sim100\ \text{年}$$

$$i = \frac{40.1\left(1+0.794\lg P\right)}{\left(t+25.8\right)^{0.948}} \tag{5.17}$$

各公式计算 P-i-t 如表 5.12、表 5.13 所示。

表 5.12　新公式计算 P-i-t 表　　　　　（单位：mm/min）

历时（t）/min	重现期（P）/年										
	0.25	0.33	0.5	1	2	3	5	10	20	50	100
5	0.811	0.960	1.183	1.555	1.926	2.144	2.418	2.789	3.161	3.652	4.024
10	0.703	0.832	1.025	1.348	1.670	1.858	2.096	2.418	2.741	3.167	3.489
15	0.621	0.735	0.906	1.190	1.475	1.642	1.851	2.136	2.421	2.797	3.082
20	0.557	0.659	0.812	1.067	1.322	1.471	1.659	1.914	2.169	2.506	2.762
30	0.461	0.546	0.673	0.884	1.096	1.220	1.376	1.587	1.799	2.078	2.290
45	0.368	0.436	0.537	0.706	0.874	0.973	1.097	1.266	1.435	1.658	1.827
60	0.307	0.363	0.447	0.588	0.729	0.811	0.915	1.055	1.196	1.382	1.522
90	0.231	0.273	0.337	0.442	0.548	0.610	0.688	0.794	0.900	1.040	1.145
120	0.186	0.220	0.271	0.356	0.441	0.490	0.553	0.638	0.723	0.836	0.921
150	0.155	0.184	0.227	0.298	0.369	0.411	0.463	0.534	0.606	0.700	0.771
180	0.134	0.158	0.195	0.256	0.318	0.354	0.399	0.460	0.521	0.603	0.664

表 5.13　80 版公式 1 计算 *P-i-t* 表　　　　　（单位：mm/min）

历时（t）/min	重现期（P）/年										
	0.25	0.33	0.5	1	2	3	5	10	20	50	100
5	0.600	0.704	0.876	1.199	1.552	1.767	2.043	2.425	2.810	3.322	3.710
10	0.537	0.630	0.784	1.074	1.389	1.582	1.829	2.171	2.516	2.974	3.322
15	0.486	0.570	0.710	0.972	1.258	1.432	1.656	1.965	2.277	2.692	3.007
20	0.444	0.521	0.649	0.888	1.149	1.308	1.513	1.795	2.081	2.460	2.747
30	0.379	0.444	0.553	0.757	0.980	1.116	1.290	1.531	1.774	2.098	2.343
45	0.310	0.364	0.453	0.620	0.803	0.914	1.057	1.255	1.454	1.719	1.920
60	0.263	0.309	0.384	0.526	0.680	0.775	0.896	1.063	1.232	1.456	1.626
90	0.201	0.236	0.294	0.403	0.521	0.594	0.687	0.815	0.944	1.116	1.247
120	0.163	0.192	0.239	0.327	0.423	0.481	0.557	0.661	0.766	0.905	1.011
150	0.137	0.161	0.201	0.275	0.356	0.405	0.468	0.556	0.644	0.761	0.850
180	0.119	0.139	0.173	0.237	0.307	0.350	0.404	0.480	0.556	0.657	0.734

再将相对应的数组进行比较，按照差率计算制成差率表。年最大值法与年多个样法算值差率表详见表 5.14。

差率表中计算公式为

$$差率 = （i_1 - i_2）/i_2 \times 100\% \tag{5.18}$$

式中，i_1 为 80 版公式降雨强度计算值；i_2 为新公式降雨强度计算值。

表 5.14　新公式与 80 版公式 1 计算 *P-i-t* 差率表　　　　　（单位：%）

历时（t）/min	重现期（P）/年										
	0.25	0.33	0.5	1	2	3	5	10	20	50	100
5	-0.26	-0.27	-0.26	-0.23	-0.19	-0.18	-0.15	-0.13	-0.11	-0.09	-0.08
10	-0.24	-0.24	-0.23	-0.20	-0.17	-0.15	-0.13	-0.10	-0.08	-0.06	-0.05
15	-0.22	-0.22	-0.22	-0.18	-0.15	-0.13	-0.11	-0.08	-0.06	-0.04	-0.02
20	-0.20	-0.21	-0.20	-0.17	-0.13	-0.11	-0.09	-0.06	-0.04	-0.02	-0.01
30	-0.18	-0.19	-0.18	-0.14	-0.11	-0.09	-0.06	-0.04	-0.01	0.01	0.02
45	-0.16	-0.16	-0.16	-0.12	-0.08	-0.06	-0.04	-0.01	0.01	0.04	0.05
60	-0.14	-0.15	-0.14	-0.11	-0.07	-0.04	-0.02	0.01	0.03	0.05	0.07
90	-0.13	-0.13	-0.13	-0.09	-0.05	-0.03	0.00	0.03	0.05	0.07	0.09
120	-0.12	-0.13	-0.12	-0.08	-0.04	-0.02	0.01	0.04	0.06	0.08	0.10
150	-0.12	-0.12	-0.11	-0.08	-0.04	-0.01	0.01	0.04	0.06	0.09	0.10
180	-0.11	-0.12	-0.11	-0.07	-0.03	-0.01	0.01	0.04	0.07	0.09	0.11

由上表可以看出：在 0.25 年、0.33 年、0.5 年、1 年、2 年、3 年重现期中，80 版公式的设计值要比新公式的设计值小，这种趋势随着重现期的增加而减小，随着历时的增加而减小；在 5 年、10 年、20 年、50 年、100 年各重现期，随着历时的增加，80 版公式的计算值先是比新公式的计算值小，到 60min 以后，80 版公式的计算值比新公式的计算值大，差值随着历时的增加而增加。

5.1.9.4　新公式和 02 版公式对比

由于 02 版公式采用的是年多个样法选样推求的公式，所以采用年多样法推求的新公式和 02 版公式进行对比。

02 版公式

$$q = \frac{2387\left[1 + 0.257\lg P\right]}{\left(t + 10.605\right)^{0.792}} \tag{5.19}$$

转化后为

$$i = \frac{14.29\left[1 + 0.257\lg P\right]}{\left(t + 10.605\right)^{0.792}} \tag{5.20}$$

和 02 版公式对比将采用 3 种方法：样本对比、频率调整后的 $P\text{-}i\text{-}t$ 对比以及公式推求 $P\text{-}i\text{-}t$ 对比。

1）样本对比

02 版公式是从 1971～2000 工 30 年中每年选取 10 场降雨，然后将每年选出来的 10 场降雨按降雨量大小排序，选出前 4 场，30 年共 120 场暴雨，作为统计资料基础。

而规范上规定的是，求出每年每场降雨 5min、10min、15min、20min、30min、45min、60min、90min、120min 所有历时的降雨强度，然后将每个历时的雨强按大小排序后，选出前 6～8 个最大值，N 年资料每个历时选取（6～8）×N 个值，全部排序后再选出前面最大的（3～4）×N 个，这也是新公式选样所用的方法。

从极端上来说，每年每个时段取 6 个最大值时，9 个历时可能出现在 6×9=54 场降雨中，1971～2000 年 30 年最多可以出现在 6×9×30=1620 场降雨中，所以 02 版公式选取的 120 场降雨完全不能代表这 30 年的降雨特征。

2）频率调整后 $P\text{-}i\text{-}t$ 对比

02 版数值化样本适线后得到的 $P\text{-}i\text{-}t$ 见表 5.15，新公式适线后得到的 $P\text{-}i\text{-}t$ 见表 5.16，二者的差值见表 5.17。由于 02 版公式采用的资料年限是 30 年，所以对比数据的重现期为 0.25～30 年。

表 5.15　02 版样本适线 $P\text{-}i\text{-}t$ 表　　　　　　　　（单位：mm/min）

历时（t）/min	重现期（P）/年								
	0.25	0.33	0.5	1	2	3	5	10	30
5	1.398	1.444	1.512	1.625	1.738	1.805	1.888	2.002	2.181

续表

历时（t）/min	重现期（P）/年								
	0.25	0.33	0.5	1	2	3	5	10	30
10	1.073	1.111	1.168	1.264	1.360	1.416	1.486	1.582	1.733
15	0.911	0.946	0.998	1.084	1.171	1.221	1.285	1.371	1.508
20	0.804	0.836	0.883	0.961	1.040	1.086	1.143	1.222	1.346
30	0.632	0.659	0.701	0.770	0.840	0.880	0.891	1.001	1.111
45	0.476	0.499	0.533	0.591	0.649	0.682	0.725	0.782	0.874
60	0.390	0.410	0.439	0.487	0.536	0.564	0.600	0.649	0.725
90	0.288	0.302	0.323	0.358	0.394	0.415	0.441	0.476	0.532
120	0.234	0.245	0.262	0.290	0.318	0.335	0.356	0.384	0.428

表 5.16　新公式样本适线 *P-i-t* 表　　　　（单位：mm/min）

历时（t）/min	重现期（P）/年								
	0.25	0.33	0.5	1	2	3	5	10	30
5	0.84	1.07	1.31	1.67	2.01	2.2	2.43	2.75	3.24
10	0.68	0.85	1.05	1.37	1.69	1.87	2.09	2.40	2.88
15	0.59	0.71	0.89	1.19	1.49	1.66	1.88	2.17	2.64
20	0.52	0.62	0.78	1.05	1.32	1.48	1.67	1.94	2.37
30	0.42	0.5	0.63	0.85	1.08	1.22	1.39	1.62	2.00
45	0.33	0.39	0.49	0.66	0.84	0.95	1.08	1.27	1.56
60	0.27	0.32	0.40	0.55	0.70	0.78	0.89	1.05	1.29
90	0.20	0.24	0.30	0.41	0.52	0.58	0.67	0.78	0.96
120	0.16	0.19	0.24	0.33	0.41	0.47	0.53	0.62	0.77

表 5.17　02 版与新公式样本适线 *P-i-t* 差值表　　　　（单位：mm/min）

历时（t）/min	重现期（P）/年								
	0.25	0.33	0.5	1	2	3	5	10	30
5	0.558	0.374	0.202	−0.045	−0.272	−0.395	−0.542	−0.748	−1.059
10	0.393	0.261	0.118	−0.106	−0.33	−0.454	−0.604	−0.818	−1.147
15	0.321	0.236	0.108	−0.106	−0.319	−0.439	−0.595	−0.799	−1.132
20	0.284	0.216	0.103	−0.089	−0.280	−0.394	−0.527	−0.718	−1.024
30	0.212	0.159	0.071	−0.080	−0.240	−0.340	−0.499	−0.619	−0.889
45	0.146	0.109	0.043	−0.069	−0.191	−0.268	−0.355	−0.488	−0.686
60	0.120	0.090	0.039	−0.063	−0.164	−0.216	−0.290	−0.401	−0.565
90	0.088	0.062	0.023	−0.052	−0.126	−0.165	−0.229	−0.304	−0.428
120	0.074	0.055	0.022	−0.040	−0.092	−0.135	−0.174	−0.236	−0.342

由上表可以清晰看出在 0.25 年、0.33 年和 0.5 年重现期的各历时，02 版适线后的雨强值明显大于新公式样本适线值，而且随着重现期的增加，差值逐渐缩小；从 1~30 年重现期，02 版适线后的雨强值开始小于新公式样本适线值，而且随着重现期的增加，差值逐渐增大。

3）公式推求 *P-i-t* 对比

02 版公式计算得到的 *P-i-t* 见表 5.18，新公式计算得到的 *P-i-t* 见表 5.19，二者的差值见表 5.20。

表 5.18　02 版公式计算 *P-i-t* 表　　　　　　　　（单位：mm/min）

历时（*t*）/min	重现期（*P*）/年								
	0.25	0.33	0.5	1	2	3	5	10	30
5	1.371	1.423	1.496	1.622	1.747	1.821	1.913	2.038	2.237
10	1.100	1.142	1.201	1.301	1.402	1.461	1.535	1.636	1.795
15	0.926	0.961	1.011	1.096	1.180	1.230	1.292	1.377	1.511
20	0.804	0.834	0.878	0.951	1.025	1.068	1.122	1.196	1.312
30	0.643	0.667	0.702	0.760	0.819	0.854	0.897	0.956	1.049
45	0.501	0.520	0.547	0.593	0.639	0.665	0.699	0.745	0.818
60	0.415	0.430	0.453	0.491	0.529	0.551	0.579	0.617	0.677
90	0.313	0.325	0.342	0.371	0.399	0.416	0.437	0.466	0.511
120	0.255	0.264	0.278	0.301	0.325	0.338	0.356	0.379	0.416

表 5.19　新公式计算 *P-i-t* 表　　　　　　　　（单位：mm/min）

历时（*t*）/min	重现期（*P*）/年								
	0.25	0.33	0.5	1	2	3	5	10	30
5	0.811	0.960	1.183	1.555	1.926	2.144	2.418	2.789	3.379
10	0.703	0.832	1.025	1.348	1.670	1.858	2.096	2.418	2.929
15	0.621	0.735	0.906	1.190	1.475	1.642	1.851	2.136	2.587
20	0.557	0.659	0.812	1.067	1.322	1.471	1.659	1.914	2.318
30	0.461	0.546	0.673	0.884	1.096	1.220	1.376	1.587	1.922
45	0.368	0.436	0.537	0.706	0.874	0.973	1.097	1.266	1.534
60	0.307	0.363	0.447	0.588	0.729	0.811	0.915	1.055	1.278
90	0.231	0.273	0.337	0.442	0.548	0.610	0.688	0.794	0.962
120	0.186	0.220	0.271	0.356	0.441	0.490	0.553	0.638	0.773

表 5.20　02 版与新公式推算 *P-i-t* 差值表　　　（单位：mm/min）

历时（*t*）/min	重现期（*P*）/年								
	0.25	0.33	0.5	1	2	3	5	10	30
5	0.560	0.463	0.313	0.067	-0.179	-0.323	-0.505	-0.751	-1.141
10	0.397	0.309	0.175	-0.046	-0.268	-0.398	-0.561	-0.783	-1.134
15	0.305	0.226	0.105	-0.095	-0.295	-0.412	-0.559	-0.759	-1.076
20	0.247	0.176	0.066	-0.116	-0.297	-0.403	-0.537	-0.718	-1.006
30	0.181	0.121	0.029	-0.124	-0.277	-0.366	-0.479	-0.631	-0.873
45	0.133	0.084	0.010	-0.113	-0.236	-0.308	-0.398	-0.521	-0.716
60	0.108	0.067	0.005	-0.097	-0.200	-0.260	-0.336	-0.438	-0.601
90	0.082	0.052	0.005	-0.072	-0.149	-0.194	-0.251	-0.328	-0.450
120	0.069	0.045	0.008	-0.054	-0.116	-0.152	-0.197	-0.259	-0.357

　　上表还是反映出 02 版公式再小重现期的设计值偏大，大重现期的设计值偏小的特征，这和样本适线后 *P-i-t* 的规律一致。在公式推算雨强值中，正差值的平均值为-0.161，负差值的平均值为-0.471，总的平均值为-0.216。

　　综合来说，新公式和 02 版公式的差异来源于二者选样的不同。

5.1.9.5　重现期关系

1）重现期定义

（1）年最大值法：

$$T = \frac{N+1}{m}$$　　　　　　（5.21）

式中，*N* 为资料年数；*m* 为资料序号。

（2）年多个样法：

$$T = \frac{n+1}{m}$$　　　　　　（5.22）

式中，*n* 为子样的总个数。

2）年多个样法与年最大值重现期关系

此次采用两种方法进行重现期关系的推求。

　　以年最大值法样本雨强及重现期为基础，找出该雨强在年多个样法样本中所处的位置及相应的重现期，即可比较等雨强条件下两种取样方法的重现期数值。分析结果表明，在 0.25～20 年小重现期，相同重现期年多个样法的雨强值较年最大值的与雨强值大，在 30～100 年这些大重现期，两者几乎相等，差别不大。

　　小结：年最大值与年多个样公式所对应的重现期的关系，现阶段只能给出年最大值法重现期与年多个样法重现期的初步对应，即年最大值法的某重现期设计降雨量值在年多个样法同等数值下的对应重现期见表 5.21。

表 5.21　年最大值法与年多个样法重现期初步对应关系表

选样方法	重现期（P）/年								
年多个样	0.5	1	2	3	5	10	20	50	100
年最大值	0.68	1.3	2.5	3.6	5.7	10.7	20.4	50.1	100

5.1.10　结论

基于河南省气象局提供的数据，根据国家室外排水设计规范有关规定，利用统计分析的数学方法，开发确定城市暴雨强度公式参数的统计分析优化软件，并根据郑州市 50 年降雨资料，按年多个样法及年最大值法两种方法选取研究样本，分别利用 P-III 型分布曲线、指数分布曲线及 Gumbel 分布曲线等几种频率分布模型进行了对比计算，获得四组 P-i-t 数据，并通过倍比搜索法、图解结合最小二乘法等 6 种方法求出了暴雨强度公式，并进行了相应的误差分析计算。其中，公式形式采用 $q=167A_1（1+ClgP）/（t+b）^n$，降雨历时范围年多个样法为 5～180min，年最大值法为 5～1440min；重现期年多个样法为 0.25～100 年，年最大值法为 2～100 年。

5.1.10.1　研究成果

1）利用国家气象局对自记雨量资料数值化软件，实现了城市暴雨强度公式新的采样方法

相比 20 世纪 80 年代的样本采集，此次项目数据资料系列更加完整、翔实，其采集应用了国家气象局的专用数值化软件，具有权威性，使用也更方便。

2）样本选样方法增加了年最大值法，历时也有所增加

选样方法在原来年多个样法的基础上增加了年最大值法的平行取样及研究，增加了比较内容。同时由于水利工程设计中一般采用年最大值法选样，故本研究也采用该法即可与水利工程设计进行横向的同条件比较。

随着城市的发展，根据郑州市的实际情况，适当延展短历时的长度，为公式的适用性增加了空间，满足了实际工程的需要。

3）采用 3 种频率分析，实现对样本的最优拟合

本项研究采用了目前国内在暴雨强度公式推求中常用的频率分析的 3 种方法，其中包括 P-III 曲线分布、指数分布和 Gumbel 分布。经过频率分析计算和经验样本数据的图形分析，发现应用最为广泛的 P-III 分布曲线拟合程度最好。经过密度分布图形分析也得到了证明，郑州市暴雨强度样本资料基本符合 P-III 分布的曲线类型。

4）采用多种计算方法，使结果更加准确

郑州市暴雨强度公式修编不仅采用传统的图解结合最小二乘法，还应用了南京法、遗传算法、倍比搜索法、SPSS 以及北京简化法 6 种方法推求暴雨强度公式，同时进行误差对比。分别推求了年多个样法和年最大值法分段公式，误差可以控制在 5%和

0.05mm/min 之内，其中以新编制的倍比搜索法结果为最优。

采用重现期 0.25 年到 100 年、暴雨历时在 5min 到 180min 的年多个样法和重现期 2 年到 100 年、暴雨历时在 5min 到 1440min 的年最大值法暴雨强度总公式，其精度控制范围已经超过了现行室外排水设计规范的要求。

5.1.10.2 公式推荐

进过对两种选样方法下 4 组 *P-i-t* 分别进行 6 种方法的计算后，采用误差最小的原则，此次推荐的公式有两个

公式一：

$$i = \frac{40.1(1 + 0.794 \lg P)}{(t + 25.8)^{0.948}} \tag{5.23}$$

或

$$q = \frac{6696(1 + 0.794 \lg P)}{(t + 25.8)^{0.948}} \tag{5.24}$$

选样方法：年多个样法；

适用范围：暴雨历时：5～180min；

设计重现期：0.25～100 年；

误差：平均绝对均方差：0.043mm/min；

平均相对均方差：4.7%。

公式二：

$$i = \frac{32.9(1 + 0.965 \lg P)}{(t + 24.8)^{0.929}} \tag{5.25}$$

或

$$q = \frac{5492(1 + 0.965 \lg P)}{(t + 24.8)^{0.929}} \tag{5.26}$$

选样方法：年最大值法；

适用范围：暴雨历时：5～1440min；

设计重现期：2～100 年；

误差：平均绝对均方差：0.025mm/min；

平均相对均方差：2.6%。

随着城市的发展，设计暴雨重现期的标准也在不断提高，一年几遇的低重现期标准已较少采用，加之目前年最大值的推求条件也已成熟，所以根据目前获得的信息和今后的发展方向，年最大值法以其选样简单、独立性强、高重现期雨强合理和系列同分布性好等优势将会被广泛采用，同时由于水利工程设计中一般采用年最大值法选样，采用该法也可与水利工程设计进行横向的同条件比较。所以此次我们比较推荐采用年最大值法的公式二作为最终结论。

但是使用年最大值法取样与目前广泛使用的年多个样法取样存在工程设计衔接问题,必须考虑对已建工程设计标准的校核以及调整未来设计重现期标准,以保证工程设计标准的连续性。

5.1.10.3　推荐公式与现有公式比对

1）与 80 版公式比对

在小重现期,推荐新公式的计算结果比 80 版公式的计算结果要大,而在长历时高重现期,推荐新公式的计算结果偏小。进过对暴雨样本的分析,发现 1981～2010 年降雨强度相比 1961～1980 年明显有所增加,这也是设计值增加的原因。

2）与 02 版公式比对

新公式推算的设计值在 0.25～0.5 年比 02 版公式计算结果小,而在 1～100 年新公式的计算结果比 02 版公式的计算结果大。这是由于 02 版公式与新公式的选样方法不一样,02 版的选样方法不符合规范要求,不具代表性,所以计算结果偏差比较大。

5.2　数据处理及模型建立

5.2.1　模型建立

本章分析将模拟两种不同的情景,一种是研究区在现有管径下的产汇流过程,另外一种为采用新的暴雨强度公式,计算出新的管径,并在新的管径下计算研究区的产汇流过程,并用以对比两种不同管径下的管内的水深及满管时间。考虑到极端洪水的重要性,本书采用基于年最大值法的暴雨强度公式［式（5.25）］对管径进行计算。

5.2.2　利用暴雨强度公式计算新的管径

当采用不同重现期下的降水时,根据新的暴雨强度计算出来的管径如表 5.22 所示。由表 5.22 可以看出,按照新的暴雨强度公式计算其管径时,1 年重现期降雨下管径与现有管径一样,从而表明现有管道是按照降水重现期 1 年的标准进行设计的,重现期为 2 年、5 年和 10 年的管径均有不同程度的增大。总体而言,对于小管径而言,其增加速度为 100mm,而较大管径的增加幅度为 200mm。

表 5.22　不同降雨重现期下的管径和现有管径尺寸　　　　　（单位：mm）

编号	现有管径	1 年重现期	2 年重现期	5 年重现期	10 年重现期
C1	700	700	800	900	1000
C2	800	800	900	1000	1100
C3	800	800	900	1000	1100
C4	800	800	900	1000	1100

续表

编号	现有管径	1 年重现期	2 年重现期	5 年重现期	10 年重现期
C5	500	500	600	700	800
C6	500	500	600	700	800
C7	500	500	600	700	800
C8	500	500	600	700	800
C9	400	400	500	600	700
C10	400	400	500	600	700
C11	500	500	600	700	800
C12	500	500	600	700	800
C13	1000	1000	1200	1400	1400
C14	1000	1000	1200	1400	1400
C15	800	800	900	1000	1100
C16	800	800	900	1000	1100
C17	800	800	900	1000	1100
C18	800	800	900	1000	1100
C19	800	800	900	1000	1100
C20	1000	1000	1200	1400	1400
C21	1000	1000	1200	1400	1400
C22	500	500	600	700	800
C23	700	700	800	900	1000
C24	1000	1000	1200	1400	1400
C25	500	500	600	700	800
C26	1000	1000	1200	1400	1400
C27	1000	1000	1200	1400	1400
C28	1000	1000	1200	1400	1400
C29	1000	1000	1200	1400	1400

5.3　结　果　分　析

　　根据第四章所建立的模型，修改不同重现期下的管径，运行模型，对暴雨强度公式修订前计算的管道流量和水深进行对比说明，即可分析出暴雨强度公式修改管径后对区域径流及内涝的影响。

5.3.1　重现期为 2 年降水时的管道水深及积水分析

将管道水深及管径绘制在同一张图中即可判断地表的积水情况。当水深等于管径时，表明管道已经达到了最大的输水能力，该管道所对应的节点将不能再有更多的水流汇入，多余的水将在地表聚集，从而形成地表积水。当重现期为 2 年时，对于现有状态下，管道 C6、C12 和 C20 分别达到了满管状态，满管时间分别为 1.64h、0.03h 和 0.07h。当采用暴雨强度修正后的管径后，只有 C6 达到满管状态，满管时间为 1.08h。管道深度随时间的变化过程分别如图 5.1 所示。

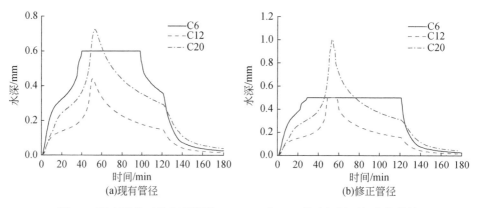

图 5.1　现有及修正状态下管道 C6、C12 和 C20 的水深随时间变化曲线

由图 5.1 可以看出，当采用暴雨强度公式修正后的管径后，管道 C6 虽然管径增加了 100mm，依然达到了满管状态，满管时间相比现状缩短了 0.56h，管道 C12 和管道 C20 没有达到满管状态，表明暴雨强度公式的修订对于小重现期的降雨事件起到了一定的作用。

5.3.2　重现期为 5 年降水时的管道流量和水深

当降雨重现期为 5 年时，对于现有状态下，管道 C3、C6、C9、C10、C12、C15、C17、C19、C20 和 C22 分别达到了满管状态，满管时间分别为 1.83h、0.13h、0.13h、0.38h、0.14h、0.17h、0.23h、0.28h 和 0.06h。当采用暴雨强度修正后的管径后，只有 C6 达到满管状态，满管时间为 0.96h。管道深度随时间的变化过程分别如图 5.2、图 5.3 所示。从图中可以看出，当管径改变时，对于较大重现期降水的调控效果是非常显著的。

5.3.3　重现期为 10 年降水时的管道流量和水深

当降雨重现期为 10 年时，对于现有状态下，管道 C3、C6、C9、C10、C12、C15、C17、C19、C20 和 C22 分别达到了满管状态，满管时间分别为 0.15h、1.91h、0.23h、

0.23h、0.49h、0.24h、0.28h、0.33h、0.39h 和 0.06h。当采用暴雨强度修正后的管径后，只有 C6 达到满管状态，满管时间为 0.79h。管道深度随时间的变化过程分别如图 5.4、图 5.5 所示。从图中可以看出，当管径改变时，对于较大重现期降水的调控效果是非常显著的。

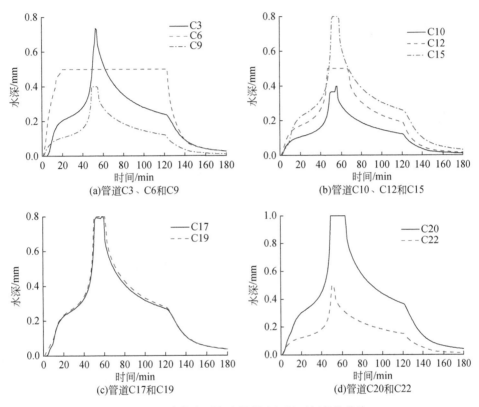

(a)管道C3、C6和C9

(b)管道C10、C12和C15

(c)管道C17和C19

(d)管道C20和C22

图 5.2　现有状态下积水管道水深随时间变化曲线

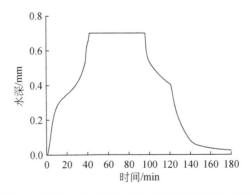

图 5.3　管径改变后积水管道水深随时间变化曲线

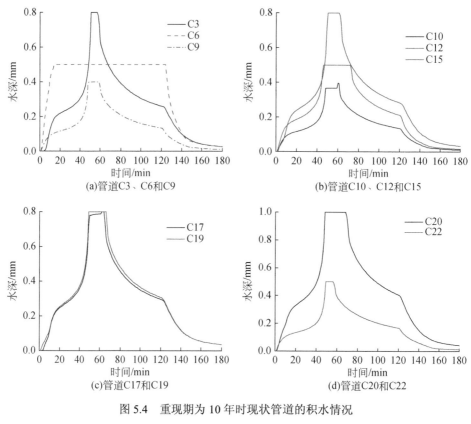

(a)管道C3、C6和C9

(b)管道C10、C12和C15

(c)管道C17和C19

(d)管道C20和C22

图5.4 重现期为 10 年时现状管道的积水情况

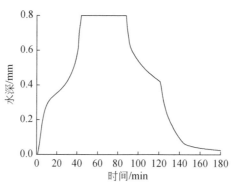

图5.5 重现期为 10 年时管径增加后管道的积水情况

5.4 本 章 小 结

本章利用郑州市 1961～2010 年共计 50 年的自记暴雨雨量资料，采用重现期 0.25 年到 100 年、暴雨历时在 5min 到 180min 的年多个样法和重现期 2 年到 100 年、暴雨历时在 5min 到 1440min 的年最大值法暴雨强度总公式，并根据新的暴雨强度公式计算了不同重现期下的管径，并通过模型模拟其了其管道积水情况。模拟结果表明：当管径增加后，地表积水的现象可得到有效缓解，满管的管道数量及满管时间均显著减少，且管径增加对于较大重现期降水的效应更加明显。

第六章 DCIA 和 TIA 对区域产流的影响

城市化在水文上带来的最直接的变化就是城市区域内由透水性区域向不透水性区域转化，而这是导致城市水循环过程发生变化的重要原因。在城市规划中，城市化所带来的水文循环的改变是其必须要考虑的因素。传统上，在城市规划中使用 TIA（总不透水面积）来定义城市化的发展阈值，然而最新研究表明 DCIA（直接不透水面积，城市排泄系统直接相连的面积）相比 TIA 而言，与地表径流、污染物的产生、河道生物群落及濒危物种的联系更加密切。因此，研究 DCIA 在城市水循环过程中的作用具有重要意义。

本章利用 EPA-SWMM 软件对研究区的两种出流方式（PERVIOUS 和 OUTLET）和不同重现期的降水进行径流模拟，并分别从入渗量、洪峰流量和径流系数 3 个方面来分析采用 DCIA 和 TIA 时的径流响应结果。

6.1 模 型 建 立

为了与区域在 TIA 设定情形下的径流响应结果做对比，本章采用第四章所建立的模型，用于分析当区域不透水性面积比例按照 DCIA 设定时的径流响应情况。在模拟时，将区域的出流模式由 PERVIOUS 改为 OUTLET，并将两种情况下的入渗、径流、洪峰流量和径流系数进行对比分析。

6.2 结 果 分 析

6.2.1 入渗

本节从入渗量和典型子流域的入渗过程两个方面，分析区域在 DCIA 和 TIA 模式的入渗特征。

6.2.1.1 入渗量

运行建立的两种出流模式下的模型，分别模拟流域在 TIA 和 DCIA 出流情况下，4 个不同重现期下的降雨径流过程，并导出分析报告，提取下渗数据分析其下渗过程数据，如表 6.1 所示。

表 6.1 DCIA 和 TIA 流域不同重现期 （单位：mm）

流域	1年	2年	5年	10年
DCIA	24.955	25.863	26.541	26.881
TIA	21.751	23.149	24.319	24.96

将研究区域开发前后流域不同重现期下渗量曲线绘在同一图中，其曲线如图6.1所示。

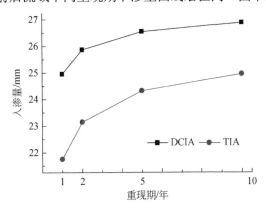

图 6.1 流域 DCIA 和 TIA 模式下不同重现期下渗量

从图 6.1 可以看出该研究区域在不同重现期其下渗能力不同，随着重现期增长，降雨强度增大，其下渗量也逐渐增加。该研究区域在两种模式下，其下渗量也发生了较大变化，在重现期为 1 年的情况下，研究区域下渗量由 DCIA 的 24.955mm 下降为 21.751mm；在重现期为 2 年的情况下，研究区域下渗量由开发前的 25.863mm 下降为 23.149mm；在重现期为 5 年的情况下，研究区域下渗量由开发前的 26.541mm 下降为 24.319mm。该研究区域在采用 TIA 模式后，其下渗能力均有不同程度的下降。各不同重现期下，DCIA 相比 TIA，其入渗量分别增加了 14.73%、11.72%、9.14%和 7.70%，说明随着降雨重现期的增大，DCIA 相比 TIA 在径流调控方面的作用越来越小。

研究区各子区域在 DCIA 和 TIA 模式下在不同重现期降雨下的入渗量对比如图 6.2 所示。由图 6.2 可以看出，虽然各个子流域的入渗量有所不同，但在整体上表现出相同的趋势，即 DCIA 的设定显著地增加了其入渗量，从而相应减少了其径流量。

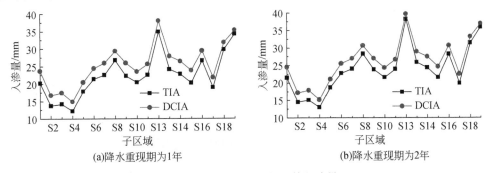

(a)降水重现期为1年　　　　　　　(b)降水重现期为2年

图 6.2 不同降水重现期下的入渗量

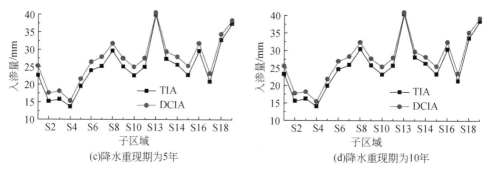

(c)降水重现期为5年

(d)降水重现期为10年

图 6.2　不同降水重现期下的入渗量（续）

6.2.1.2　入渗过程

以典型子流域 S3 为例，分别分析不同重现期 S3 的入渗过程，如图 6.3 所示。

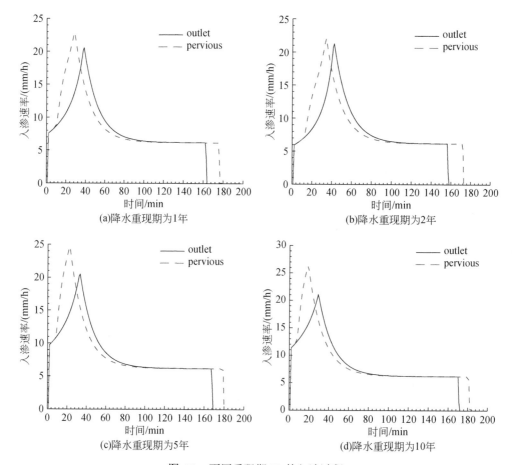

(a)降水重现期为1年

(b)降水重现期为2年

(c)降水重现期为5年

(d)降水重现期为10年

图 6.3　不同重现期 S3 的入渗过程

由图 6.3 可以看出，随着重现期的增加，pervious 和 outlet 两种出流方式的入渗速率也在增加，包括起始入渗速率以及入渗峰值。同时随着重现期的增加，两种出流方式在前期以相同速率入渗的时间也逐渐变短。同时入渗时间也在增加。

在两种出流方式上，在降水前期，两种方式在前 10min 左右是以相同速率入渗的，随着时间的增加，以 DCIA 情景下渗速率与 TIA 情景下的入渗速率之差逐渐增大，过了峰值之后，DCIA 情景下的下渗速率急速下降，在 TIA 的入渗速率到达峰值之前与之相交并继续快速下降，最后随着 TIA 的入渗速率一道减小，降水结束后两种出流方式仍然以均速入渗一段时间，最后 TIA 的入渗比 DCIA 的入渗提前结束。

6.2.2   径流

6.2.2.1   径流过程

径流分析一般分析洪水过程线，就是其径流过程，它表述了河流径流的特征和运动的基本规律。以此，在 SWMM 的模拟结果中调出研究区域的径流产生，生成径流-时间图，以下以子流域 S8 为例，以不同重现期下的两种出流方式的径流过程线，详见图 6.4。

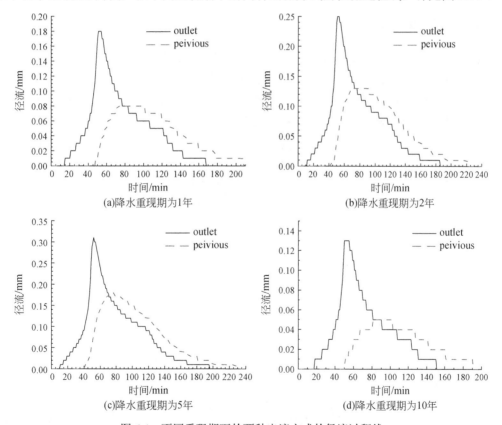

图 6.4   不同重现期下的两种出流方式的径流过程线

由图 6.4 可以看出，

（1）从流量过程线上看，随着重现期的增加，TIA 情景和 DCIA 情景两种出流方式的流量过程线的形状并无发生较大的改变，但是两种出流方式的径流产生时间缩短，即流域的平均汇流时间均减少；在同一重现期下，TIA 情景出流模式下，流量过程线比较急促，而 DCIA 情景出流模式下的流量过程线比较平缓。以 TIA 情景为出流方式的模拟结果得到的径流过程线的增长率先增大后减小，与现实中一般的洪水过程线的一般规律不符，而以 DCIA 情景为出流模式下模拟的径流过程与实际情况吻合良好。同时 DCIA 情景出流下，流域的产流时间变长。

（2）从洪峰上看，伴随着重现期的增加，TIA 情景和 DCIA 情景两种出流方式的洪峰均与重现期正相关，而且洪峰持续时间与重现期负相关；在同一重现期下，TIA 情景出流模式下洪峰流量比较大且洪峰靠前，而 DCIA 情景出流模式下的洪峰流量相较于 TIA 情景出流方式小，并且洪峰靠后。

（3）从总径流量上来看，伴随着重现期的增加，两种出流方式的总径流量随着重现期增加的增大；在同一重现期下，TIA 情景出流模式下，总径流量比较大，而 DCIA 情景出流模式下的总径流量比较小。

6.2.2.2　洪峰流量

将各子流域在不同重现期降水下以及 DCIA 和 TIA 模拟情景下的洪峰流量进行绘制，如图 6.5 所示。图 6.5 表明，虽然不同 DCIA 相比 TIA 而言，在不同的降雨重现期下，其洪峰流量均有所减小，但是，不同子流域的洪峰消减率呈现了显著的变化，将不同子流域的洪峰消减率进行计算，其结果如图 6.6 所示。

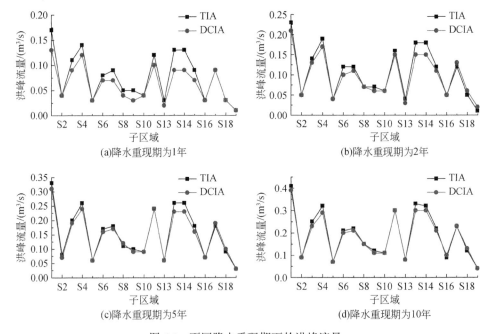

图 6.5　不同降水重现期下的洪峰流量

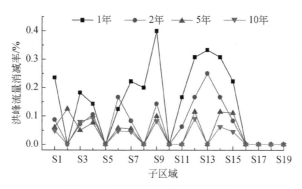

图 6.6　不同子流域的洪峰消减率

由图 6.6 可以看出，对于洪峰流量消减率而言，其总的趋势表现为，随着降水重现期的增大，洪峰流量消减率呈下降趋势，但每个子区域的洪峰流量消减率各有不同。为了进一步考察影响其洪峰流量消减率的原因，将洪峰流量消减率和子流域的 DCIA 进行相关关系分析，其结果表明，在不同的降水重现期下，其洪峰流量消减率和 DCIA 均没有显著的线性关系。

6.2.3　径流系数

径流系数是反映降雨和径流之间关系的参数，在雨洪控制利用系统的理论研究、规划、设计计算中应用广泛，在流域或区域的雨水径流总量、径流峰流量、流量过程线以及非点源污染物总量、各设施规模的计算中起着重要作用。本书先研究各子流域分别在两种出流模式下的不同重现期下的的径流系数变化，如图 6.7 所示。

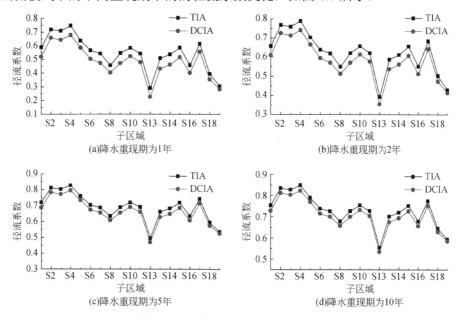

图 6.7　不同降水重现期下的径流系数

图 6.7 表明在同一重现期下，DCIA 情景比 TIA 情景下的径流系数要小，随着重现期的增加，两种模拟情景下的径流系数均由所增大，且两种情景下的径流系数之间的差别越来越小，这也从另一个侧面表明当降雨变大时，DCIA 相比 TIA 的调控性能开始变得不再显著。

6.3 本 章 小 结

本章以郑州市一个新兴的居民小区为研究对象，在 SWMM 中以两种不同的出流方式来模拟其不同重现期降水的径流过程，通过对比得到 DCIA 的设定对于区域产流的影响，结论如下：

（1）在径流方面，DCIA 的设定使得流域内的径流过程线的形状变缓，洪峰流量与总径流量减小，产流时间增加，与实际情况吻合良好。为城市的低影响开发（Low Impact Development，LID）应对城市内涝以及海绵城市建设有一定的参考。

（2）在入渗方面，DCIA 的设定有效增加了入渗量，减少了洪峰流量，延缓了入渗过程。

（3）随着降水重现期的增大，DCIA 情景下的雨洪调控性能相比 TIA 情景下不再显著。

第七章　生物滞留池调控性能影响因子分析

考虑到生物滞留池是目前应用最广的 LID 调控措施，因此，本章对影响生物滞留池调控性能的因子进行分析。在对其影响因子的分析过程中，我们通过改变其参数的取值，分析参数改变对调控性能的影响及影响程度。本次研究从此角度出发，利用 SWMM 的 LID 模块，改变生物滞留池的各项设计因子，并进而推求生物滞留池调控性能影响因子，以期能对国内生物滞留池的运用及设计提供理论依据和一定的实践意义。

7.1　生物滞留池中各参数取值及表示

研究影响生物滞留池调控性能的影响因子，只需改变其参数进而分析参数变化对其调控径流出流的影响。将各个参数按其各自的取值范围和生物滞留池的限定进行取值，并用不同的表示方法进行表示。

7.1.1　降水量的确定

由前人研究总结可知，生物滞留池对特小降水事件径流消减率可达 100%，此时变动其余参数有可能变动不明显，不能定性确定变动参数对生物滞留池调控性能的影响；而对于大降水事件，生物滞留池对其的调控是有限度的。因此选取郑州市重现期分别为 2 年、5 年、10 年的降水，在此区间便于观察参数变动对生物滞留池调控性能的影响。重现期分别为 2 年、5 年、10 年的降水分别用 P1、P2、P3 表示。

7.1.2　DCIA 取值的确定

一般选取 DCIA 值为 30%、40%、50%。分别用 B1、B2、B3 表示。

7.1.3　地表参数确定

（1）坡台高度取 200mm。
（2）植被体积所占比例取为 0。
（3）表面粗糙度取为 0。
（4）地面坡度取为 0。

7.1.4　土壤参数确定

（1）土壤层厚度取值范围为 450～900mm，此次研究以 225mm 为一个间隔，分别模拟 450mm、675mm 以及 900mm 情况下的出流情况。分别用 H1、H2、H3 表示。

（2）主要研究沙土、壤砂土和砂壤土 3 种情况。分别用 S1、S2、S3 表示。

对于不同土壤介质的孔隙度、田间持水量、凋萎含水量、水力传导系数、吸湿水头如表 7.1 所示。

表 7.1　不同土壤的特征参数表

土壤质地	水力传导系数	吸湿水头	孔隙度	田间持水量	凋萎含水量
沙土	120.396	49.022	0.437	0.062	0.024
壤砂土	29.972	60.96	0.437	0.105	0.047
砂壤土	10.922	109.982	0.453	0.190	0.085
壤土	3.302	88.9	0.463	0.232	0.116
粉砂壤土	6.604	169.926	0.501	0.284	0.135
砂质黏壤土	1.524	219.964	0.398	0.244	0.136
黏壤土	1.016	210.058	0.464	0.310	0.187
粉砂黏壤土	1.016	270.002	0.471	0.342	0.210
砂质黏土	0.508	240.03	0.430	0.321	0.221
粉质黏土	0.508	290.068	0.479	0.371	0.251
黏土	0.254	320.04	0.475	0.378	0.265

（3）不同土壤的水力传导系数取值参见表 7.2。

表 7.2　不同土壤的传导率斜率

土壤类型	传导率
沙土	5.0
壤砂土	5.7
砂壤土	7.5
壤土	10.6
粉砂壤土	10.8
砂质黏壤土	6.8
黏壤土	10.1
粉砂黏壤土	12.8
砂质黏土	9.0
粉质黏土	14.5
黏土	12.6

7.1.5　贮水层参数确定

（1）蓄水层厚度取值范围为 150～450mm，此次研究以 150mm 为一个间隔，分别模拟 150mm、300mm 以及 450mm 情况下的出流情况。分别用 D1、D2、D3 表示。

（2）一般为碎石或砾石层渗透性较强，孔隙比较大取为 0.75。

（3）渗水速率根据天然土壤类型而定，研究沙土、壤砂土、砂壤土 3 种情况，分别用 N1、N2、N3 取其稳定下渗率即饱和水力传导系数，如表 4.1 所示。

（4）堵塞因子取为 0。

7.1.6 地下排水管因素

在本次研究中统一采用无地下排水管的形式，取为 0。

综上所述，总的生物滞留池变动设计参数及其表达式如表 7.3 所示。

表 7.3 生物滞留池变动参数及其表达式

DCIA	B1	B2	B3
	30%	40%	50%
土壤类型	S1	S2	S3
	沙土	壤砂土	砂壤土
土壤层厚度/mm	H1	H2	H3
	450	675	900
蓄水层厚度/mm	D1	D2	D3
	150	300	450
天然土壤类型	N1	N2	N3
	沙土	壤砂土	砂壤土

7.2 模拟情景系列介绍

将各个参数分别作为控制变量，输入 SWMM 模型研究各个情景模拟下的出流情况。两年一遇降水条件下所有的情景模拟系列如表 7.4 所示，如 $P_1B_1S_1H_1D_1N_1$ 表示为在 2 年一遇降水、DCIA=30%、表层土壤为沙土、土壤层厚度为 450mm、蓄水层厚度为 150mm、天然土壤类型为沙土的情境下生物滞留池的出流过程。

表 7.4 2 年一遇降水条件下情景模拟系列

降水量	DCIA	土壤类型	土壤层厚度	蓄水层厚度	天然土壤类型		
					N_1	N_2	N_3
P_1	B_1	S_1	H_1	D_1	$P_1B_1S_1H_1D_1N_1$	$P_1B_1S_1H_1D_1N_2$	$P_1B_1S_1H_1D_1N_3$
				D_2	$P_1B_1S_1H_1D_2N_1$	$P_1B_1S_1H_1D_2N_2$	$P_1B_1S_1H_1D_2N_3$
				D_3	$P_1B_1S_1H_1D_3N_1$	$P_1B_1S_1H_1D_3N_2$	$P_1B_1S_1H_1D_3N_3$
			H_2	D_1	$P_1B_1S_1H_2D_1N_1$	$P_1B_1S_1H_2D_1N_2$	$P_1B_1S_1H_2D_1N_3$
				D_2	$P_1B_1S_1H_2D_2N_1$	$P_1B_1S_1H_2D_2N_2$	$P_1B_1S_1H_2D_2N_3$
				D_3	$P_1B_1S_1H_2D_3N_1$	$P_1B_1S_1H_2D_3N_2$	$P_1B_1S_1H_2D_3N_3$

降水量	DCIA	土壤类型	土壤层厚度	蓄水层厚度	天然土壤类型		
					N_1	N_2	N_3
P_1	B_1	S_1	H_3	D_1	$P_1B_1S_1H_3D_1N_1$	$P_1B_1S_1H_3D_1N_2$	$P_1B_1S_1H_3D_1N_3$
				D_2	$P_1B_1S_1H_3D_2N_1$	$P_1B_1S_1H_3D_2N_2$	$P_1B_1S_1H_3D_2N_3$
				D_3	$P_1B_1S_1H_3D_3N_1$	$P_1B_1S_1H_3D_3N_2$	$P_1B_1S_1H_3D_3N_3$
		S_2	H_1	D_1	$P_1B_1S_2H_1D_1N_1$	$P_1B_1S_2H_1D_1N_2$	$P_1B_1S_2H_1D_1N_3$
				D_2	$P_1B_1S_2H_1D_2N_1$	$P_1B_1S_2H_1D_2N_2$	$P_1B_1S_2H_1D_2N_3$
				D_3	$P_1B_1S_2H_1D_3N_1$	$P_1B_1S_2H_1D_3N_2$	$P_1B_1S_2H_1D_3N_3$
			H_2	D_1	$P_1B_1S_2H_2D_1N_1$	$P_1B_1S_2H_2D_1N_2$	$P_1B_1S_2H_2D_1N_3$
				D_2	$P_1B_1S_2H_2D_2N_1$	$P_1B_1S_2H_2D_2N_2$	$P_1B_1S_2H_2D_2N_3$
				D_3	$P_1B_1S_2H_2D_3N_1$	$P_1B_1S_2H_2D_3N_2$	$P_1B_1S_2H_2D_3N_3$
			H_3	D_1	$P_1B_1S_2H_3D_1N_1$	$P_1B_1S_2H_3D_1N_2$	$P_1B_1S_2H_3D_1N_3$
				D_2	$P_1B_1S_2H_3D_2N_1$	$P_1B_1S_2H_3D_2N_2$	$P_1B_1S_2H_3D_2N_3$
				D_3	$P_1B_1S_2H_3D_3N_1$	$P_1B_1S_2H_3D_3N_2$	$P_1B_1S_2H_3D_3N_3$
		S_3	H_1	D_1	$P_1B_1S_3H_1D_1N_1$	$P_1B_1S_3H_1D_1N_2$	$P_1B_1S_3H_1D_1N_3$
				D_2	$P_1B_1S_3H_1D_2N_1$	$P_1B_1S_3H_1D_2N_2$	$P_1B_1S_3H_1D_2N_3$
				D_3	$P_1B_1S_3H_1D_3N_1$	$P_1B_1S_3H_1D_3N_2$	$P_1B_1S_3H_1D_3N_3$
			H_2	D_1	$P_1B_1S_3H_2D_1N_1$	$P_1B_1S_3H_2D_1N_2$	$P_1B_1S_3H_2D_1N_3$
				D_2	$P_1B_1S_3H_2D_2N_1$	$P_1B_1S_3H_2D_2N_2$	$P_1B_1S_3H_2D_2N_3$
				D_3	$P_1B_1S_3H_2D_3N_1$	$P_1B_1S_3H_2D_3N_2$	$P_1B_1S_3H_2D_3N_3$
			H_3	D_1	$P_1B_1S_3H_3D_1N_1$	$P_1B_1S_3H_3D_1N_2$	$P_1B_1S_3H_3D_1N_3$
				D_2	$P_1B_1S_3H_3D_2N_1$	$P_1B_1S_3H_3D_2N_2$	$P_1B_1S_3H_3D_2N_3$
				D_3	$P_1B_1S_3H_3D_3N_1$	$P_1B_1S_3H_3D_3N_2$	$P_1B_1S_3H_3D_3N_3$
	B_2	S_1	H_1	D_1	$P_1B_2S_1H_1D_1N_1$	$P_1B_2S_1H_1D_1N_2$	$P_1B_2S_1H_1D_1N_3$
				D_2	$P_1B_2S_1H_1D_2N_1$	$P_1B_2S_1H_1D_2N_2$	$P_1B_2S_1H_1D_2N_3$
				D_3	$P_1B_2S_1H_1D_3N_1$	$P_1B_2S_1H_1D_3N_2$	$P_1B_2S_1H_1D_3N_3$
			H_2	D_1	$P_1B_2S_1H_2D_1N_1$	$P_1B_2S_1H_2D_1N_2$	$P_1B_2S_1H_2D_1N_3$
				D_2	$P_1B_2S_1H_2D_2N_1$	$P_1B_2S_1H_2D_2N_2$	$P_1B_2S_1H_2D_2N_3$
				D_3	$P_1B_2S_1H_2D_3N_1$	$P_1B_2S_1H_2D_3N_2$	$P_1B_2S_1H_2D_3N_3$
			H_3	D_1	$P_1B_2S_1H_3D_1N_1$	$P_1B_2S_1H_3D_1N_2$	$P_1B_2S_1H_3D_1N_3$
				D_2	$P_1B_2S_1H_3D_2N_1$	$P_1B_2S_1H_3D_2N_2$	$P_1B_2S_1H_3D_2N_3$
				D_3	$P_1B_2S_1H_3D_3N_1$	$P_1B_2S_1H_3D_3N_2$	$P_1B_2S_1H_3D_3N_3$
		S_2	H_1	D_1	$P_1B_2S_2H_1D_1N_1$	$P_1B_2S_2H_1D_1N_2$	$P_1B_2S_2H_1D_1N_3$
				D_2	$P_1B_2S_2H_1D_2N_1$	$P_1B_2S_2H_1D_2N_2$	$P_1B_2S_2H_1D_2N_3$
				D_3	$P_1B_2S_2H_1D_3N_1$	$P_1B_2S_2H_1D_3N_2$	$P_1B_2S_2H_1D_3N_3$

续表

降水量	DCIA	土壤类型	土壤层厚度	蓄水层厚度	天然土壤类型		
					N_1	N_2	N_3
P_1	B_2	S_2	H_2	D_1	$P_1B_2S_2H_2D_1N_1$	$P_1B_2S_2H_2D_1N_2$	$P_1B_2S_2H_2D_1N_3$
				D_2	$P_1B_2S_2H_2D_2N_1$	$P_1B_2S_2H_2D_2N_2$	$P_1B_2S_2H_2D_2N_3$
				D_3	$P_1B_2S_2H_2D_3N_1$	$P_1B_2S_2H_2D_3N_2$	$P_1B_2S_2H_2D_3N_3$
			H_3	D_1	$P_1B_2S_2H_3D_1N_1$	$P_1B_2S_2H_3D_1N_2$	$P_1B_2S_2H_3D_1N_3$
				D_2	$P_1B_2S_2H_3D_2N_1$	$P_1B_2S_2H_3D_2N_2$	$P_1B_2S_2H_3D_2N_3$
				D_3	$P_1B_2S_2H_3D_3N_1$	$P_1B_2S_2H_3D_3N_2$	$P_1B_2S_2H_3D_3N_3$
		S_3	H_1	D_1	$P_1B_2S_3H_1D_2N_1$	$P_1B_2S_3H_1D_2N_2$	$P_1B_2S_3H_1D_2N_3$
				D_2	$P_1B_2S_3H_1D_2N_1$	$P_1B_2S_3H_1D_2N_2$	$P_1B_2S_3H_1D_2N_3$
				D_3	$P_1B_2S_3H_1D_3N_1$	$P_1B_2S_3H_1D_3N_2$	$P_1B_2S_3H_1D_3N_3$
			H_2	D_1	$P_1B_2S_3H_2D_1N_1$	$P_1B_2S_3H_2D_1N_2$	$P_1B_2S_3H_2D_1N_3$
				D_2	$P_1B_2S_3H_2D_2N_1$	$P_1B_2S_3H_2D_2N_2$	$P_1B_2S_3H_2D_2N_3$
				D_3	$P_1B_2S_3H_2D_3N_1$	$P_1B_2S_3H_2D_3N_2$	$P_1B_2S_3H_2D_3N_3$
			H_3	D_1	$P_1B_2S_3H_3D_1N_1$	$P_1B_2S_3H_3D_1N_2$	$P_1B_2S_3H_3D_1N_3$
				D_2	$P_1B_2S_3H_3D_2N_1$	$P_1B_2S_3H_3D_2N_2$	$P_1B_2S_3H_3D_2N_3$
				D_3	$P_1B_2S_3H_3D_3N_1$	$P_1B_2S_3H_3D_3N_2$	$P_1B_2S_3H_3D_3N_3$
	B_3	S_1	H_1	D_1	$P_1B_3S_1H_1D_1N_1$	$P_1B_3S_1H_1D_1N_2$	$P_1B_3S_1H_1D_1N_3$
				D_2	$P_1B_3S_1H_1D_2N_1$	$P_1B_3S_1H_1D_2N_2$	$P_1B_3S_1H_1D_2N_3$
				D_3	$P_1B_3S_1H_1D_3N_1$	$P_1B_3S_1H_1D_3N_2$	$P_1B_3S_1H_1D_3N_3$
			H_2	D_1	$P_1B_3S_1H_2D_1N_1$	$P_1B_3S_1H_2D_1N_2$	$P_1B_3S_1H_2D_1N_3$
				D_2	$P_1B_3S_1H_2D_2N_1$	$P_1B_3S_1H_2D_2N_2$	$P_1B_3S_1H_2D_2N_3$
				D_3	$P_1B_3S_1H_2D_3N_1$	$P_1B_3S_1H_2D_3N_2$	$P_1B_3S_1H_2D_3N_3$
			H_3	D_1	$P_1B_3S_1H_3D_1N_1$	$P_1B_3S_1H_3D_1N_2$	$P_1B_3S_1H_3D_1N_3$
				D_2	$P_1B_3S_1H_3D_2N_1$	$P_1B_3S_1H_3D_2N_2$	$P_1B_3S_1H_3D_2N_3$
				D_3	$P_1B_3S_1H_3D_3N_1$	$P_1B_3S_1H_3D_3N_2$	$P_1B_3S_1H_3D_3N_3$
		S_2	H_1	D_1	$P_1B_3S_2H_1D_1N_1$	$P_1B_3S_2H_1D_1N_2$	$P_1B_3S_2H_1D_1N_3$
				D_2	$P_1B_3S_2H_1D_2N_1$	$P_1B_3S_2H_1D_2N_2$	$P_1B_3S_2H_1D_2N_3$
				D_3	$P_1B_3S_2H_1D_3N_1$	$P_1B_3S_2H_1D_3N_2$	$P_1B_3S_2H_1D_3N_3$
			H_2	D_1	$P_1B_3S_2H_2D_1N_1$	$P_1B_3S_2H_2D_1N_2$	$P_1B_3S_2H_2D_1N_3$
				D_2	$P_1B_3S_2H_2D_2N_1$	$P_1B_3S_2H_2D_2N_2$	$P_1B_3S_2H_2D_2N_3$
				D_3	$P_1B_3S_2H_2D_3N_1$	$P_1B_3S_2H_2D_3N_2$	$P_1B_3S_2H_2D_3N_3$
			H_3	D_1	$P_1B_3S_2H_3D_1N_1$	$P_1B_3S_2H_3D_1N_2$	$P_1B_3S_2H_3D_1N_3$
				D_2	$P_1B_3S_2H_3D_2N_1$	$P_1B_3S_2H_3D_2N_2$	$P_1B_3S_2H_3D_2N_3$
				D_3	$P_1B_3S_2H_3D_3N_1$	$P_1B_3S_2H_3D_3N_2$	$P_1B_3S_2H_3D_3N_3$

续表

降水量	DCIA	土壤类型	土壤层厚度	蓄水层厚度	天然土壤类型		
					N_1	N_2	N_3
P_1	B_3	S_3	H_1	D_1	$P_1B_3S_3H_1D_1N_1$	$P_1B_3S_3H_1D_1N_2$	$P_1B_3S_3H_1D_1N_3$
				D_2	$P_1B_3S_3H_1D_2N_1$	$P_1B_3S_3H_1D_2N_2$	$P_1B_3S_3H_1D_2N_3$
				D_3	$P_1B_3S_3H_1D_3N_1$	$P_1B_3S_3H_1D_3N_2$	$P_1B_3S_3H_1D_3N_3$
			H_2	D_1	$P_1B_3S_3H_2D_1N_1$	$P_1B_3S_3H_2D_1N_2$	$P_1B_3S_3H_2D_1N_3$
				D_2	$P_1B_3S_3H_2D_2N_1$	$P_1B_3S_3H_2D_2N_2$	$P_1B_3S_3H_2D_2N_3$
				D_3	$P_1B_3S_3H_2D_3N_1$	$P_1B_3S_3H_2D_3N_2$	$P_1B_3S_3H_2D_3N_3$
			H_3	D_1	$P_1B_3S_3H_3D_1N_1$	$P_1B_3S_3H_3D_1N_2$	$P_1B_3S_3H_3D_1N_3$
				D_2	$P_1B_3S_3H_3D_2N_1$	$P_1B_3S_3H_3D_2N_2$	$P_1B_3S_3H_3D_2N_3$
				D_3	$P_1B_3S_3H_3D_3N_1$	$P_1B_3S_3H_3D_3N_2$	$P_1B_3S_3H_3D_3N_3$

重现期分别为 5 年和 10 年的情景与表 7.4 类似，在此不再赘述。

7.3　生物滞留池设计要素对其调控性能的影响分析

基于对研究区内生物滞留池各设计参数和降水条件的改变，可得出不同的出流结果以及径流消减率。通过分析单个因子或多个因子的改变对生物滞留池调控性能的影响程度，可以确定其在生物滞留池设计中的重要性，从而为生物滞留池的科学设计提供理论依据。

7.3.1　单个因素变量对生物滞留池的调控性能的影响分析

首先分析单个因子对生物滞留池调控性能的影响，保持其他因素不变，通过对单个因子变动后所模拟的生物滞留池的径流消减率进行对比，可得出单个因子对生物滞留池调控性能影响的大致方向和规律。

7.3.1.1　降水量的影响分析

当其余参数不变时，不同重现期的降水对生物滞留池的调控性能的影响趋势是相似的，为了分析降水量单独对生物滞留池调控性能的影响，在此选取 DCIA=30%重现期分别为 2 年、5 年、10 年的降水进行比对，根据由 SWMM 模拟所得出流情况的径流消减率对比如图 7.1 所示。

由图 7.1 可知：当，其余参数相同时，重现期为 2 年的降雨的径流消减率大于重现期为 5 年降雨的径流消减率，重现期 5 年的降雨的径流消减率大于重现期 10 年的径流消减率。生物滞留池对小降雨事件调控性能较好，随降雨量的增大，调控性能变差。

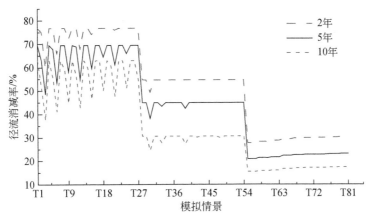

图 7.1 不同降水条件下的生物滞留池径流消减率对比图

7.3.1.2 DCIA 的影响分析

选取重现期为两年的降水事件分析，在 DCIA 分别取值 30%、40%、50%时的径流消减率对比如图 7.2 所示。

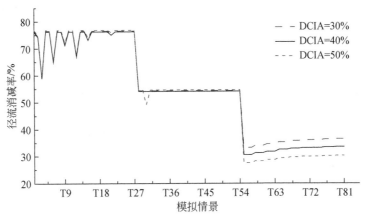

图 7.2 不同 DCIA 条件下生物滞留池的径流消减率对比图

由图 7.2 可知：在表层土壤为沙土或壤砂土时，DCIA=40%时的径流消减率略小于 DCIA=30%和 50%时的径流消减率；当表层土壤为砂壤土时，此时的径流消减率随 DCIA 的增大而增大。

7.3.1.3 表层土壤的影响分析

分析表层土壤单独对选取重现期为两年、DCIA=40%、表层土壤分别为沙土、壤砂土、砂壤土时的径流消减率进行分析，其径流消减率对比如图 7.3 所示。

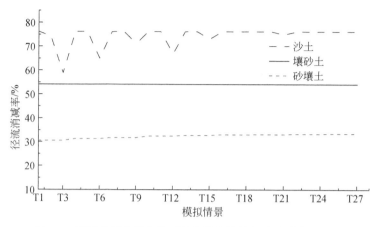

图 7.3　不同表层土壤条件下生物滞留池的径流消减率对比图

由图 7.3 可得到：表层土壤为沙土时的径流消减率大于表层土壤为壤砂土和砂壤土时的径流消减率，而 3 种土壤对生物滞留池起关键性作用的是它们的稳定下渗率，所以可得基本结论，表层土壤的下渗能力越好，生物滞留池的调控性能也越好。而且当表层为沙土时，其径流消减率随其厚度及蓄水层参数的变化有波动；表层土壤为壤砂土时，径流消减率为一固定值，此时变动厚度或蓄水层参数对径流消减率没有影响；当表层土壤为砂壤土时，径流消减率随土壤层厚度缓慢增加。

7.3.1.4　土壤层厚度的影响分析

在不同的降水和 DCIA 条件下，土壤层厚度对生物滞留池的调控性能的影响是相似的，在此我们选取 10 年一遇的降水、DCIA=50%时土壤层厚度分别为 450mm、675mm、900mm 时的径流消减率进行分析，其径流消减率对比如图 7.4 所示。

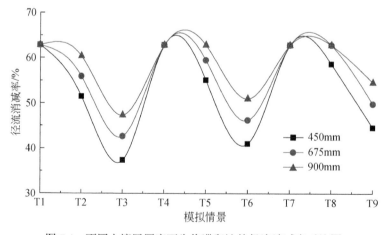

图 7.4　不同土壤层厚度下生物滞留池的径流消减率对比图

由图 7.4 可知：当其余相对应的参数均相同时，900mm 对应的径流消减率大于 675mm 所对应的径流消减率，675mm 对应的径流消减率又大于 450mm 对应的径流消减率，可得生物滞留池的调控性能随土壤层厚度的增加而增加。

7.3.1.5 蓄水层厚度的影响分析

当降水量和 DCIA 不同时，蓄水层厚度对径流消减率的影响是相似的。选取重现期为 10 年、DCIA=50%、表层土壤为沙土、土壤层厚度为 150mm 时不同的蓄水层深度对径流消减率的影响，其径流消减率如图 7.5 所示。

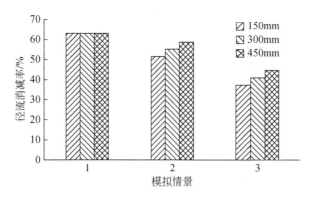

图 7.5 不同蓄水层厚度下生物滞留池的径流消减率对比图

由图 7.5 可知，当天然土壤类型为沙土时，蓄水层深度的变化对径流消减率无影响，当天然土壤为壤砂土或砂壤土时，径流消减率随蓄水层深度的加大而增大

7.3.1.6 天然土壤的影响分析

选取重现期为 10 年的降水，DCIA=30%，土壤类型为沙土时的各土壤层厚度和蓄水层厚度下的 3 种天然土壤进行径流消减率变化的分析，其径流消减率对比如图 7.6 所示。

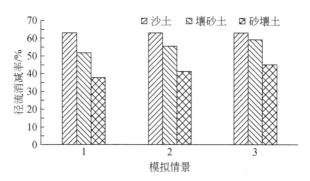

图 7.6 不同天然土壤条件下生物滞留池的径流消减率对比图

由图 7.6 可以看出,当天然土壤为沙土时的径流消减率大于壤砂土、砂壤土的径流消减率,壤砂土时对应的径流消减率又大于砂壤土时的径流消减率,而 3 种不同的土壤所引起径流消减率不同的主要原因是其水力传导系数的不同,所以可得:一般来说,生物滞留池的调控性能随天然土壤的水力传导系数的增大而增大。

7.3.2　多个因子变化对生物滞留池的调控性能的影响分析

上述分析均为考虑单个因子变化所造成的影响,得出的是单个因子变化时对生物滞留池调控性能造成影响的基本规律和趋势,但往往对生物滞留池的调控性能的设计及预测方案需要考虑两个及两个以上因素的影响,多变量的综合影响也会产生和单因子不同的效果。

7.3.2.1　不同降水量条件的情景模拟出的径流消减率对比图概述

降水量是影响生物滞留池调控性能的主要因素之一,如图 7.7 所示,首先上述已经涉及降水量单独对生物滞留池的影响,在此不再赘述。另外,除 DCIA 因素外,每种重现期降水下的 81 个情景模拟中,相邻的 3 种模拟都代表了某个单独因子变动下对生物滞留池径流消减率的影响;对于 2 年、5 年和 10 年相对应相邻的 3 种或更多情况下的情景模拟则代表了降水量和一种或几种因素对生物滞留池径流消减率的综合影响。在此先分析降水量作为主要因素下,综合其余(除 DCIA)因子对生物滞留池调控性能的影响。

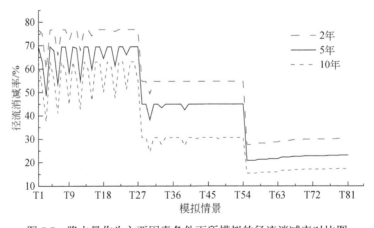

图 7.7　降水量作为主要因素条件下所模拟的径流消减率对比图

另外,图 7.7 也可用来分析降水量和表层土壤对生物滞留池调控性能的综合影响,由图分析可得,对 T1—T27 个模拟情景来说可知,当表层土壤为沙土,天然土壤依次从沙土、壤砂土、砂壤土变化时:

(1)随降水量的增加,径流消减率波动的幅度变大;

(2)对于同一场降水,随土壤层厚度的增加,径流消减率波动的幅度变小;

（3）对于小降水事件，随土壤层厚度的增加，较大降水事件提前达到自身条件下的最大消减率，此时天然土壤的变化不会对生物滞留池的调控性能产生影响。

当表层土壤由沙土变为壤砂土，由 T1—T27 和 T28—T54 所对应情景模拟出的径流消减率对比图知：

（1）两年一遇降水的最大消减率的差值为 22.15，5 年一遇降水的最大消减率的差值为 24.56，10 年一遇降水的最大消减率的差值为 32.39，当其他要素不变，表层土壤变化相同时，降水重现期越大，对径流消减率的影响增大。

（2）对于同一场降水，改变天然土壤或土壤层厚度，径流消减率波动较 T1～T27 的情景即表层土壤为沙土时模拟出的径流消减率的波动小。

（3）当土壤层厚度增加到一定高度，天然土壤因素改变不会对调控性能产生影响，此时能达到各自条件下的最大消减率。

对于第 T55-T81 的情景来说，表层土壤为砂壤土，此时 2 年、5 年以及 10 年一遇降水条件下的径流消减率差别较沙土、壤砂土的小。且此时径流消减率随蓄水层厚度、土壤层厚度增加而增加，但增加幅度不大，天然土壤的变化对径流消减率没有影响。

7.3.2.2 降水量和 DCIA 不同条件下的生物滞留池调控性能的影响

上述通过对两年一遇降水情况下 DCIA 不同对径流消减率的影响分析，反映了当 DCIA 不同时生物滞留池所调控降水的基本变化趋势，但是降水量不同时，DCIA 的变化对径流消减率的影响也会有所不同。在此选取 DCIA 分别取值 30%、40% 和 50% 情况下，降水重现期分别为 2 年、5 年和 10 年的径流消减率对比图，如图 7.8～图 7.10 所示。在每种重现期下分别选用了 81 种情景来模拟分析如下。

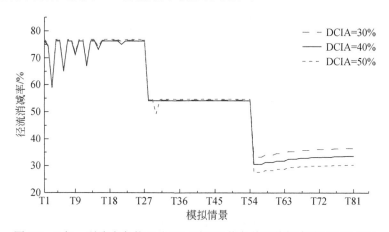

图 7.8 2 年一遇降水条件下 DCIA 不同取值条件下的径流消减率对比图

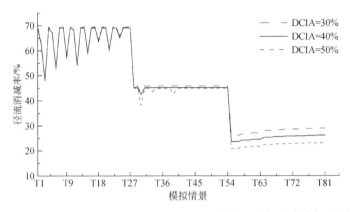

图 7.9　5 年一遇降水条件下 DCIA 不同取值条件下的径流消减率对比图

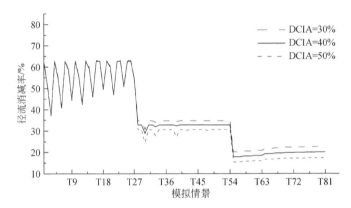

图 7.10　10 年一遇降水条件下 DCIA 不同取值条件下的径流消减率对比图

由图 7.10 可知：

（1）对于两年一遇的降水，当表层土壤为沙土或壤砂土（情景 T1—T27 和 T27—T54）时，DCIA 取 30%、40% 和 50% 情况下的径流消减率相差不大，且 DCIA=30% 时的径流消减率大于 DCIA=50% 的径流消减率，DCIA=50% 时的径流消减率大于 DCIA=40% 时的径流消减率；当表层土壤为砂壤土（情景 T55—T81）时，径流消减率随 DCIA 的增加而增加。对于 5 年和 10 年一遇的降水，当表层土壤为沙土（情景 T1—T27）时，DCIA 取 30%、40% 和 50% 情况下的径流消减率相差不大，DCIA=30% 时的径流消减率大于 DCIA=50% 的径流消减率，DCIA=50% 时的径流消减率大于 DCIA=40% 时的径流消减率；当表层土壤为壤砂土或砂壤土（情景 T28—T54 和 T55—T81）时，径流消减率随 DCIA 的增加而增加。

（2）当表层土壤为沙土（情景 T1—T27）时，DCIA 取 30%、40% 和 50% 时的径流消减率随天然土壤变化的波动值均随降水量的增加而加大。

（3）在两年一遇和 5 年一遇的降水条件下，当表层土壤为壤砂土（情景 T28—T54）时，大体上 DCIA 取 30%、40% 和 50% 时的径流消减率相差微小，但是注意到在两种降水条件下的 DCIA=30% 时的径流消减率有突变点，以两年一遇降水条件下的突变点为例，分析数据可知在表层土壤为壤砂土、土壤层厚度为 450mm、蓄水层厚度为 150mm、天然土壤为砂壤土时生物滞留池的下渗量较少，且此时由于蓄水层厚度较小，最终蓄水层存储的水量较少，造成出流量所占比例加大。

7.3.2.3　降水量、蓄水层厚度和天然土壤类型不同条件下的生物滞留池调控性能的影响

分析降水量、蓄水层厚度以及天然土壤类型对生物滞留池消减率的综合影响，控制其余变量不变，选用 DCIA=50%、土壤类型为沙土、土壤层厚度为 450mm、天然土壤类型相同的时候，分析蓄水层深度分别为 150mm、300mm 和 450mm，重现期分别为 2 年、5 年和 10 年时的生物滞留池的径流消减率，2 年一遇、5 年一遇和 10 年一遇降水条件下各蓄水层厚度的径流消减率分别如图 7.11～图 7.13 所示。其中情景系列 1、2 和 3 分别代表蓄水层厚度为 150mm 情况下，3 种天然土壤的径流消减率。另外，添加同场降水条件下，蓄水层厚度变化的趋势线，得出其斜率，可用来比较参数变化对径流消减率的影响，从而得出对生物滞留池调控性能的影响。

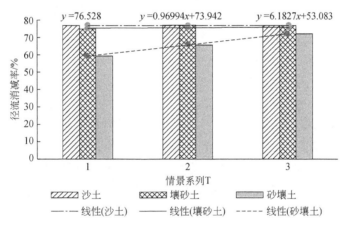

图 7.11　2 年一遇降水条件下各蓄水层厚度的径流消减率

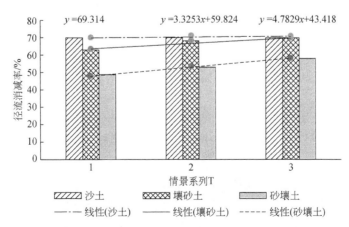

图 7.12　5 年一遇降水条件下各蓄水层厚度的径流消减率

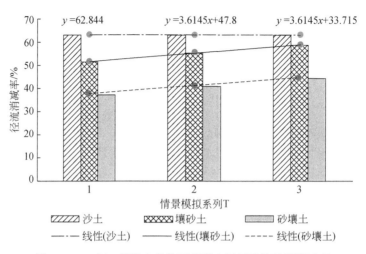

图 7.13　10 年一遇降水条件下各蓄水层厚度的径流消减率

由图 7.13 可知：

（1）当天然土壤为沙土且其余参数均相同时，对于同一场降水，改变蓄水层深度对径流消减率没有影响；而对于不同的降水，径流消减率随降水的增加而减小。

（2）当天然土壤为壤砂土且其余参数均相同时，对于同一场降水，随蓄水层的增加呈增加趋势；对于不同降水，随降水量增加呈减小趋势。重现期为 2 年、5 年和 10 年条件下的径流消减率的增长斜率分别为 0.97、3.33 和 3.61，说明当天然土壤为壤砂土时，随着降水增加，蓄水层深度的改变对径流消减率的影响增大。

（3）当天然土壤为砂壤土和其余参数均相同时，对于同一场降水，随蓄水层的增加呈增加趋势；对于不同降水，随降水量增加呈减小趋势。重现期为 2 年、5 年和 10 年条件下的径流消减率的增长斜率分别为 6.18、4.78 和 3.61，说明当天然土壤为砂壤土时，随着降水增加，蓄水层深度的改变对径流消减率的影响减小。

7.3.2.4　降水、土壤层厚度和天然土壤不同条件下的生物滞留池调控性能的影响

分析降水量和土壤层厚度对生物滞留池消减率的影响，控制其余变量不变，选用 DCIA=50%、土壤类型为沙土，土壤层厚度分别为 450mm、675mm 和 900mm，重现期分别为 2 年、5 年和 10 年时的生物滞留池的径流消减率，两年一遇降水下各土壤层厚度的径流消减率如图 7.15 所示；5 年一遇降水下各土壤层厚度的径流消减率如图 7.16 所示；10 年一遇降水下各土壤层厚度的径流消减率如图 7.17 所示。其中情景 T1—T3 为天然土壤为沙土的情况，情景 T4—T6 为天然土壤为壤砂土，情景 T7—T9 为天然土壤为砂壤土。

由图 7.14～图 7.16 对比可得出：

（1）对于同场降水，生物滞留池的径流消减率随土壤层厚度的增加而增大。

（2）对于相同的土壤层厚度，生物滞留池的径流消减率随降水量的增加而减小。

（3）对于相同的土壤层厚度，随降水量的增加，生物滞留池的径流消减率随天然土

壤类型的变化波动幅度增大,说明在大降水事件中,天然土壤的变化对生物滞留池调控性能影响较大,且在天然土壤为沙土时均达到在各自条件下的最大径流消减率。

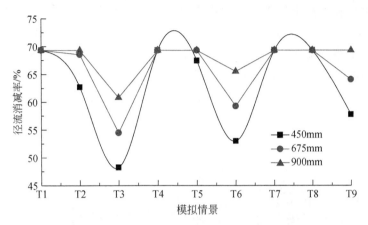

图 7.14　2 年一遇降水条件下的各土壤层厚度的径流消减率对比图

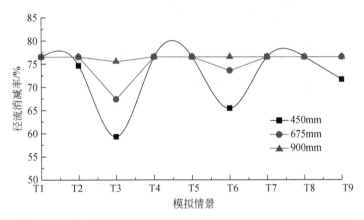

图 7.15　5 年一遇降水条件下的各土壤层厚度的径流消减率对比图

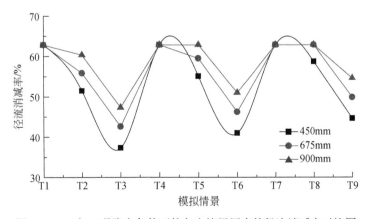

图 7.16　10 年一遇降水条件下的各土壤层厚度的径流消减率对比图

7.3.2.5　降水量和天然土壤不同条件下的生物滞留池调控性能的影响

分析降水量和天然土壤类型对生物滞留池消减率的影响，控制其余变量不变，选用 DCIA=30%、土壤类型为沙土、土壤层厚度为 450mm、蓄水层厚度为 150mm 的时候，分析天然土壤分别为沙土、壤砂土、砂壤土，重现期分别为 2 年、5 年和 10 年时的生物滞留池的径流消减率，各重现期下、各类天然土壤类型的径流消减率如图 7.17 所示；添加同种天然土壤类型下，降水量变化所模拟得出的径流消减率的趋势线，得出其斜率，可用来比较参数变化对径流消减率的影响，从而得出对生物滞留池调控性能的影响。

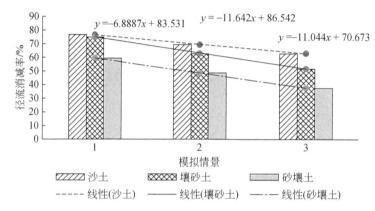

图 7.17　不同降水不同天然土壤条件下的径流消减率对比图

由图 7.17 可得出：

（1）在同场降水条件下，3 种天然土壤类型下的径流消减率按从大到小的顺序排列为沙土＞壤砂土＞砂壤土；在同种天然土壤类型条件下，生物滞留池的径流消减率随降水量的增加而减小。

（2）当天然土壤类型分别为沙土、壤砂土和砂壤土时，径流消减率随 3 场不同重现期变化的斜率分别为-6.89、-11.64 和-11.04，这说明当降水量变化相同时，对天然土壤为壤砂土的生物滞留池的调控性能的影响程度较大，其次是砂壤土，最后是沙土。

分析各种不同的参数情况下所对应的模拟出流情况可知，5 年一遇降水情况下进入生物滞留池的水量是两年一遇降水情况下的 1.293 倍，天然土壤分别为沙土、壤砂土和砂壤土时的下渗量分别是两年一遇对应天然土壤情况下的 1.163 倍、1.060 倍和 1.066 倍；天然土壤分别为沙土、壤砂土和砂壤土时的蓄水层蓄水变量分别是两年一遇对应天然土壤情况下的 0.998 倍、1.148 倍和 1.043 倍。10 年一遇降水情况下进入生物滞留池的水量是两年一遇降水情况下的 1.711 倍，天然土壤分别为沙土、壤砂土和砂壤土时的下渗量分别是两年一遇对应天然土壤情况下的 1.386 倍、1.130 倍和 1.078 倍；天然土壤分别为沙土、壤砂土和砂壤土时的蓄水层蓄水变量分别是 2 年一遇对应天然土壤情况下的 0.961

倍、1.298 倍和 1.077 倍。由此可得在降水量增加某一倍比的时候，天然土壤为沙土时下渗量增加的倍比从大到小的顺序为沙土＞砂壤土＞壤砂，而蓄水变量增加的比例大小为壤砂土＞砂壤土＞沙土，结合生物滞留池随降水量变化的斜率为沙土＞壤砂土＞砂壤土可知当变动天然土壤类型时，主要是下渗的水量在对径流消减率起作用。而且，由情景模拟的结果数据中可看出当天然土壤为沙土时，增加蓄水层深度，此时的蓄水变量增加，而下渗量不变，所模拟的生物滞留池的径流消减率也不变，这个现象也证实了下渗量在生物滞留池调控过程中的重要作用。

7.3.2.6　DCIA 和天然土壤不同条件下的生物滞留池调控性能的影响

分析 DCIA 和天然土壤类型对生物滞留池消减率的影响，控制其余变量不变，选用两年一遇的降水、土壤类型为沙土、土壤层厚度为 450mm、蓄水层厚度为 150mm 的时候，分析天然土壤分别为沙土、壤砂土、砂壤土，DCIA 分别为 30%、40% 和 50% 时的生物滞留池的径流消减率，不同的 DCIA 取值情况下、各类天然土壤类型的径流消减率如图 7.18 所示；添加同种天然土壤类型下，DCIA 变化所模拟得出的径流消减率的趋势线，得出其斜率，可用来比较参数变化对径流消减率的影响，从而得出对生物滞留池调控性能的影响。

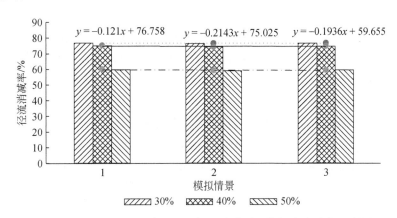

图 7.18　不同 DCIA 取值不同天然土壤类型下的径流消减率对比图

由图 7.18 可知：①对于相同的 DCIA，3 种天然土壤类型下的径流消减率按从大到小的顺序排列为沙土＞壤砂土＞砂壤土；而对于相同的天然土壤，此时 DCIA 的改变对径流消减率的影响较小。②当天然土壤类型分别为沙土、壤砂土和砂壤土时，径流消减率随 3 场不同重现期变化的斜率分别为-6.89、-11.64 和-11.04，而由图 7.16 可知当天然土壤类型分别为沙土、壤砂土和砂壤土时，径流消减率随 3 场不同 DCIA 取值变化的斜率分别为-0.121、-0.214 和-1.194。这说明当其余参数相同，降水量对生物滞留池调控性能的影响大于 DCIA。

7.4　本章小结

　　本书通过提出生物滞留池的性能调控指标以及其影响因子，以深圳市光明新区为研究区，利用基于 SWMM 的生物滞留池模拟模型，分析了在研究区内通过改变生物滞留池不同设计参数的 729 种情景模拟情况。通过控制变量法进行比较并进而分析了各个因子对生物滞留池调控性能的影响。本书的主要结论如下：

　　（1）生物滞留池调控性能随降水量的增大会变差，在小降水事件时，如两年一遇降水，在一定的设计条件下，生物滞留池能对流经其的径流达到 77%的消减率。

　　（2）DCIA 和其他因子组合会对生物滞留池产生不同的影响，首先，对于不同重现期的降水，当表层土壤为砂壤土时，径流消减率随 DCIA 的增加而增加。其次，当表层土壤为沙土时，对于不同重现期的降水，径流消减率随 DCIA 的增加变化很小，且此时 DCIA=40%时的径流消减率略小于 DCIA=30%和 50%时的径流消减率。最后，当表层土壤为壤砂土时，对于两年一遇降水，径流消减率随 DCIA 的增加变化很小，且此时 DCIA=40%时的径流消减率略小于 DCIA=30%和 50%时的径流消减率；而对于 5 年一遇和 10 年一遇的降水来说此时径流消减率随 DCIA 的变化呈现出明显变化，随 DCIA 的增加而增加。

　　（3）生物滞留池对降水的调控主要体现在对进入生物滞留池的水量进行下渗的能力，所以当降水条件相同时，一切有利于下渗的因素都将增强生物滞留池的调控性能，例如较大的表层土壤水力传导系数、蓄水层厚度的增加以及较大的天然土壤的水力传导系数都将增大生物滞留池的调控性能。

　　（4）所建生物滞留池区域的天然土壤为沙土的条件下，表层土壤为沙土或壤砂土时，除降水量和 DCIA 因素外其余参数的变动不会对生物滞留池的调控性能造成影响；表层土壤为砂壤土时，此时随着蓄水层高度和土壤层高度的增加，生物滞留池调控性能增强，但效果不明显。综合来说，当天然土壤为沙土时，此时的生物滞留池的设计应尽量考虑植物的生长需要以及经济条件的限制。

　　（5）当天然土壤为壤砂土时，随降水量的增加，蓄水层深度变化对径流消减率的影响程度逐渐增大；当天然土壤为砂壤土时，随降水量的增加，蓄水层深度变化对径流消减率的影响程度逐渐减小。

　　（6）当其余要素不变时，降水量的变化对天然土壤为壤砂土的生物滞留池的调控性能的影响最大，其次是砂壤土，最后是沙土。

第八章 结 论

本书从城市排水系统的地表径流输送系统和城市管网排泄系统出发，通过对影响地表径流输送系统的 DCIA 以及 LID 措施的水文效应进行分析，以及管径改变对管网的输水能力模拟方面研究了变化环境下的城市水文效应及其应对措施。

在城市内涝的大背景下，本书试图从 3 个方面来寻求城市内涝问题的改善途径：①采用暴雨强度公式修订后的管网进行水动力学模拟；②采用 DCIA 代替 TIA 来表征城市区域不透水性系数，进而分析 DCIA 的应用对于城市内涝的改善作用；③微观海绵体的 LID 雨洪调控措施的水文调控性能。本书的主要代表性成果如下：

（1）采用滑动平均法、M-K 参数检验法，对研究区 1951～2017 年的降水资料进行了统计分析，研究结果表明：年平均降水量呈现下降的趋势，突变点为 1957 年和 2014 年；秋季降水量呈现上升趋势，其突变点在 1959 年，春季、夏季、冬季降水量呈现下降趋势，突变分别发生在 1957 年、1958 年、1960 年。汛期降水量呈下降趋势对于雨洪调控而言是有益的。

（2）采用历时资料，对郑州市暴雨强度公式进行了修订，并将修订后的公式应用于城市管径的推求，在此基础上，通过建立水动力学模型对研究区的水动力学现状进行了模拟。模拟结果表明修订后的管道对于缓解城市内涝现象具有显著作用，且随着降水重现期的增大，其效果越明显，对于较小重现期的降水而言，其效果不显著。

（3）对 DCIA 和 TIA 两种情形下的地表产流进行模拟表明：当区域的不透水性系数采用 DCIA 时，DCIA 会产生更缓的入渗过程，更大的入渗量和更小的入渗系数。这一结论对于我国的雨洪资源管理具有重要的理论指导意义，因为改变区域的 DCIA 相比修改管道直径而言更加容易实现。

（4）通过对研究区各调控措施建立 SWMM 模型模拟其雨洪调控性能可为，并利用洪峰流量消减率、入渗补给比例以及流量过程曲线来分析各调控措施基于不同重现期降水事件的水文调控性能，结果表明 BMPs 措施中的截留池和入渗带在两年设计降水下的洪峰流量消减性能比较显著，即对降水量较小降水事件的洪峰流量消减的水文效应相对比较显著；对于 LID 措施来讲，透水性路面无论是在洪峰流量的消减还是入渗补给方面，其性能均最为显著。各调控措施的调控性根据其设计要素的不同会发生改变，本书所模拟的各雨洪调控措施的设计要素均选取了其设计手册中的推荐值，且除透水性路面外，其余措施均具有相同的表面积，而其灵敏度分析结果表明面积是所有设计要素中对调控性能影响最大的要素；

（5）利用基于 SWMM 的生物滞留池模拟模型，分析了在研究区内通过改变生物滞留池不同设计参数的 729 种情景模拟情况。通过控制变量法进行比较并进而分析了各个因子对生物滞留池调控性能的影响，结果表明：DCIA 和其他因子组合会对生物滞留池产生不同的影响，对于不同重现期的降水，当表层土壤为砂壤土时，径流消减率随 DCIA 的增加而增加；当表层土壤为沙土时，对于不同重现期的降水，径流消减率随 DCIA 的增加变化很小；当表层土壤为壤砂土时，对于两年一遇降水，径流消减率随 DCIA 的增加变化很小，且此时 DCIA=40%时的径流消减率略小于 DCIA=30%和 50%时的径流消减率；而对于 5 年一遇和 10 年一遇的降水来说此时径流消减率随 DCIA 的变化呈现出明显变化，随 DCIA 的增加而增加。

（6）生物滞留池对降水的调控主要体现在对进入生物滞留池的水量进行下渗的能力，所以当降水条件相同时，一切有利于下渗的因素都将增强生物滞留池的调控性能，例如较大的表层土壤水力传导系数、蓄水层厚度的增加以及较大的天然土壤的水力传导系数都将增大生物滞留池的调控性能。

（7）所建生物滞留池区域的天然土壤为沙土的条件下，表层土壤为沙土或壤砂土时，除降水量和 DCIA 因素外其余参数的变动不会对生物滞留池的调控性能造成影响；表层土壤为砂壤土时，此时随着蓄水层高度和土壤层高度的增加，生物滞留池调控性能增强，但效果不明显。综合来说，当天然土壤为沙土时，此时的生物滞留池的设计应尽量考虑植物的生长需要以及经济条件的限制。

参 考 文 献

岑国平. 1999. 暴雨资料的选样与统计方法. 给水排水, 25（4）: 1～4

程江, 杨凯, 刘兰岚, 李博. 2010. 上海中心城区土地利用变化对区域降雨径流的影响研究, 25（6）: 914～925

戴有学, 王振华, 戴临栋, 曹巧莲. 2017. 山西临汾市城区暴雨强度公式修订分析研究. 自然灾害学报, （6）: 197～206

邓培德. 1992. 城市暴雨公式统计中的若干问题. 中国给水排水, 8（3）: 45～48

邓培德. 1996. 暴雨选样与频率分布及其应用. 给水排水, 27（2）: 25～27

邓培德, 韦鹤平, 俞庭康. 1985. 城市暴雨公式统计方法的研究. 同济大学学报, （1）: 17～29

高琳, 周玉文, 唐颖, 刘原, 沈宏观. 2016. 城市暴雨强度公式皮尔逊III型适线问题研究. 给水排水, （8）: 47～51

葛怡, 史培军, 周俊华, 邹铭. 2003. 土地利用变化驱动下的上海市区水灾灾情模拟. 自然灾害学报, 12（3）: 25～30

顾骏强, 陈海燕, 徐集云. 2000. 瑞安市暴雨强度概率分布公式参数估计研究. 应用气象学报, 11（3）: 355～336

郝树棠. 1989. 一年多次法和超定量法选样重现期的计算问题. 中国给水排水, （4）: 40～42

环海军, 刘焕斌, 刘岩, 夏福华. 2016. 鲁中主城区暴雨强度公式的修正方法. 干旱气象, 34（1）: 188～194

黄学平, 柯颖. 2012. 城市排水管网水动力学模型研究综述. 南昌工程学院学报, 31（6）: 34～38

季日臣, 郭晓东, 刘有录. 2002. 编制兰州市暴雨强度公式中频率曲线的比较. 兰州铁道学院学报, 21（1）: 64～66

姜友蕾, 陆敏博. 2016. 苏州市中心城区暴雨强度公式评估与分析. 城市道桥与防洪, （8）: 149～151

蒋维楣, 周荣卫, 刘红年. 2009. 精细城市边界层模式的建立及应用研究. 南京大学学报（自然科学）, 45（6）: 769～778

金云. 2003. 城市化与上海水文. 水文水资源, 19（2）: 39～41

李红梅, 周天军, 宇如聪. 2008. 近四十年我国东部盛夏日降水特性变化分析. 大气科学, 32（2）: 358～370

李昀英, 宇如聪, 傅云飞. 2008. 一次热对流降水成因的分析和模拟. 气象学报, 66（2）: 190～202

刘家宏, 王浩, 高学睿, 陈似蓝, 王建华, 邵薇薇. 2014. 城市水文学研究综述. 科学通报, （36）: 3581～3590

柳笛. 2009. 城市化对雨洪径流的影响——以武汉市为例. 科技创业, （1）: 66～71

柳园园, 王船海, 吴朱昊, 曾贤敏, 马腾飞, 陈景波等. 2016. 城市排水管网明满交替非恒定流数学模型的研究. 水动力学研究与进展, 31（2）: 210～219

乔华, 张理, 高俊发. 1996. 西安市暴雨强度公式的推导与研究. 西北建筑工程学院学报, （4）: 65～71

秦莉俐，陈云霞，许有鹏. 2005. 城镇化对径流的长期影响研究. 南京大学学报（自然科学版），41（3）：
　　279～285

邱兆富，周琪，张智，郝以琼. 2004. 暴雨强度公式推求方法探讨. 城市道桥与防洪，（1）：47～49

任伯帜，龙腾锐，王利. 2003. 采用年超大值法进行暴雨资料选样. 中国给水排水，19（5）：79～81

任国玉，郭军，徐铭志等. 2005. 近50年中国地面气候变化基本特征. 气象学报，63（6）：942～956

邵丹娜，邵尧明. 2013. 《中国城市新一代暴雨强度公式》成果介绍. 中国给水排水，29（22）：37～43

邵尧明. 2003. 最大值选样配合指数分布曲线推求雨强公式. 中国给水排水，19（s1）：142～144

邵尧明，何明俊. 2008. 对现行规范中城市暴雨强度公式中有关问题探讨. 中国给水排水，24（2）：99～
　　102

史培军，袁艺，陈晋. 2001. 深圳市土地利用变化对流域径流的影响. 生态学报，21（7）：1041～1049

束炯. 1987. 上海城市在热岛和海风锋影响下特大暴雨的初步分析. 华东师范大学学报（自然科学版），
　　（4）：83～89

宋连春，张存杰. 2003. 20世纪西北地区降水量变化特征. 冰川冻土，25（2）：143～148

万荣荣，杨桂山. 2004. 流域土地利用/覆被变化的水文效应及洪水响应. 湖泊科学，16（3）：258～264

王建龙，车伍，易红星. 2009. 基于低影响开发的城市雨洪控制与利用方法. 中国给水排水，25（14）：
　　6～9

王杰，杨银，吴红，张生财. 2016. 兰州市暴雨强度公式拟合方法研究. 高原山地气象研究，36（4）：
　　23～27

王睿，徐得潜. 2016. 合肥市暴雨强度公式的推求研究. 水文，36（1）：71～74

王艳君，吕宏军，施雅风，姜彤. 2009.城市化流域的土地利用变化对水文过程的影响——以秦淮河流
　　域为例. 自然资源学报，24（1）：30～36

王玉成，耿延博，王婷，郭纯一. 2008. 城市化对水文要素影响分析. 东北水利水电，26（287）：16，17

吴福婷. 2011. 近几十年中国降水谱和极端降水的变化趋势及其与全球变暖关系的分析. 中国科学院研
　　究生院

吴福婷，符淙斌. 2013. 全球变暖背景下不同空间尺度降水谱的变化. 科学通报，（8）：664～673

夏宗尧. 1990. 编制暴雨公式中应用P-Ⅲ曲线及指数曲线的比较. 中国给水排水，6（3）：32～38

夏宗尧. 1997. 评城市暴雨公式统计中的若干问题. 中国给水排水，13（5）：22～24

谢莹莹. 2007. 城市排水管网系统模拟方法和应用. 同济大学硕士研究生学位论文

徐光来，许有鹏，徐宏亮. 2010. 城市化水文效应研究进展.自然资源学报，25（12）：2171～2178

徐连军，励建全，李田，刘鑫华. 2007. 上海市短历时暴雨强度公式研究.中国市政工程，128（4）：46～48

徐宗学，张楠. 2006. 黄河流域近50年降水变化趋势分析. 地理研究，25（1）：27～34

许有鹏，丁瑾佳，陈莹. 2009. 长江三角洲地区城市化的水文效应研究. 水利水运工程学报，（4）：67～
　　73

杨勇. 2010. 市政排水管网布局与设计中存在的问题与对策. 工程技术，（4）：5

杨金虎，江志红，王鹏祥，陈彦山. 2008. 中国年极端降水事件的时空分布特征. 气候与环境研究，
　　(1):75～83

袁艺，史培军，刘颖慧，邹铭. 2003. 土地利用变化对城市洪涝灾害的影响. 自然灾害学报，12（3）：6～13

张东海，段莹，周文钰，李扬，龙俐. 2016. 贵阳市暴雨强度公式推求. 城市道桥与防洪，（1）：95～99

赵安周，朱秀芳，史培军，潘耀忠. 2013. 国内外城市化水文效应研究综述. 水文，33（5）：16～22

郑璟，方伟华，史培军，卓莉. 2009. 快速城市化地区土地利用变化对流域水文过程影响的模拟研究——以深圳市布吉河流域为例. 24（9）：1560～1572

翟盘茂，王萃萃，李威. 2007. 极端降水事件变化的观测研究. 气候变化研究进展，3(3):144～148

中华人民共和国住房和城乡建设部. 2014.中国气象局.城市暴雨强度公式编制和设计暴雨雨型确定技术导则. 北京：气象出版社

中华人民共和国住房城乡建设部，中华人民共和国国家质量监督检验检疫总局. 2011. 室外排水设计规范（GB 5004-2006）. 北京：中国计划出版社

中华人民共和国住房和城乡建设部，中华人民共和国国家质量监督检验检疫总局. 2014.室外排水设计规范（GB 50014-2006）. 北京：中国计划出版社

周黔生. 1995. 暴雨选样采用年最大值法更实用. 给水排水，（6）：14

周文德. 1983. 城市暴雨排水设计问题预测-概率的考虑. 水文，（1）：47～50

周玉文，赵洪宾. 2000. 排水管网理论与计算. 北京：中国建筑工业出版社

周玉文，翁窈瑶，张晓昕，李萍，王强. 2011. 应用年最大值法推求城市暴雨强度公式的研究. 给水排水，37（10）：40～44

Abi Aad M P，Suidan M T，Shuster W D. 2010. Modeling techniques of best management practices: Rain barrels and rain gardens using EPA SWMM-5. Journal of Hydrologic Engineering，15（6）：434～443

Ahiablame L M，Engel B A，Chaubey I. 2012. Effectiveness of low impact development practices：literature review and suggestions for future research. Water Air & Soil Pollution，223（7）：4253～4273

Alley W M，Veenhuis J E. 1983. Effective impervious area in urban runoff modeling. J Hydraul Eng，109（2）：313～319

Amell V. 1984. Review of rainfall data application for design and analysis. Journal of Water Science & Technology，16（8～9）：1～45

Arnell V，Harremoes P，Jensen M，et al. 1984.Review of rainfall data application for design and analysis. Water Science and Technology，8-9（16）：1～45

Arnold C L，Gibbons C J. 1996. Impervious surface coverage—the emergence of a key environmental indicator. J Am Plann Assoc，62：243～258

Asleson B C，Nestingen R S，Gulliver J S. 2009. Performance assessment of rain gardens. Journal of the American Water Resources Association，45（4）：1019～1031

Bain D J，Yesilonis I D，Pouyat R V. 2012. Metal concentrations in urban riparian sediments along an urbanization gradient. Biogeochemistry，107（1-3）：67～79

Barroca B，Bernardara P，Mouchel J M，Hubert G. 2006. Indicators for identification of urban flooding vulnerability. Natural Hazards & Earth System Sciences，6（4）：553～561

Bedan E S，Clausen J C. 2010. Stormwater runoff quality and quantity from traditional and low impact development watersheds. Journal of the American Water Resources Association，45（4）：998～1008

Bisht D S，Chatterjee C，Kalakoti S，Upadhyay P，Sahoo M，Panda A. 2016. Modeling urban floods and drainage using swmm and mike urban：a case study. Natural Hazards，84（2）：749～776

Booth D B，Jackson C R. 1997. Urbanization of aquatic systems：degradation thresholds，stormwater detection，and limits of mitigation.Journal of the American Water Resources Association，33（5）：1077～1089

Booth D B，Leavitt J. 1999. Field evaluation of permeable paver systems for improved stormwater management. J Am Plann Assoc，65（3）：314～325

Boyd M J，Bufill M C，Knee R M. 1994. Predicting pervious and impervious storm runoff from urban drainage basins. Hydrol Sci J，39（4）：321～332

Brabec E，Schulte S，Richards P L. 2002. Impervious surfaces and water quality：a review of current literature and its implications for watershed planning. Journal of Planning Literature，16（4）：499～514

Caradot N，Granger D，Chapgier J，Cherqui，F，Chocat B. 2011. Urban flood risk assessment using sewer flooding databases. Water Science & Technology A Journal of the International Association on Water Pollution Research，64（4）：832～840

Carmen N B. 2014. Volume reduction provided by eight disconnected downspouts in durham，north carolina with and without soil amendments. Journal of Environmental Engineering，142（10）

Changnon S A E. 1981. METROMEX review and summary. Meteor Monogr，40

Chen W，Huang G，Zhang H. 2017. Urban stormwater inundation simulation based on swmm and diffusive overland-flow model. Water Science & Technology A Journal of the International Association on Water Pollution Research，76（11-12）：3392～3403

Chow V T. 1953. Frequeney analysis of hydrologic data with special application to rainfall iniensities. University of Illions Bulletin，（7）：79，80

Cunnane C. 1989.Statistical Distribution for Flood Frequency Analysis. Geneva：WMO

Damodaram C，Giacomoni M H，Prakash Khedun C，Holmes H，Ryan A，Saour W，et al. 2010. Simulation of combined best management practices and low impact development for sustainable stormwater management. Jawra Journal of the American Water Resources Association，46（5）：907～918

Dauber K R. 2005. Multi-purpose regional BMPs：Coordinating watershed protection and smart growth. Proceedings of the Watershed Management Conference-Managing Watersheds for Human and Natural Impacts：Engineering，Ecological，and Economic Challenges，13～23

Davis A P. 2005. Green engineering principles promote low-impact development. Environmental Science & Technology，39（16）：338A

Debo T N，Reese A J. 1995. Municipal storm water management. Lewis，Boca Raton，Fla

Department of Environmental Resources，Prince Georges County，Largo，Md. Prince Georges County. 2009. Bioretention manual. Department of Environmental Resources，Prince Georges County Largo，MD

DeWalle D R, Swistock B R, Johnson T E, McGuire K J. 2000. Potential effects of climate change on urbanization and mean annual streamflow in the United States. Water Resources Research, 3 (9): 2655～2664

Dinicola R S. 1989. Characterization and simulation of rainfallrunoff relations for headwater basins in western King and Snohomish Counties, Washington State. U S Geological Survey Water Resources Investigations Rep 89-4052, Menlo Park, Calif

Ebrahimian A, Wilson B N, Gulliver J S. 2016. Improved methods to estimate the effective impervious area in urban catchments using rainfall-runoff data. Journal of Hydrology, 536: 109～118

Falkovich A, Lord S, Treadon R. 2000. A new methodology of rainfall retrievals from indirect measurements. Meteorology and Atmospheric Physics, 3-4 (75): 217～232

Fenn M E, Poth M A. 1999. Temporal and spatial trends in streamwater nitrate concentrations in the San Bernardino Mountains. Southern California Journal of Environmental Quality, 28 (3): 822～836

Fenn M E, Baron J S, Allen E B, Rueth H M, Nydick KR, Geiser L, Bowman W D, Sickman J O, Meixner T, Johnson D W, Neitlich P. 2003. Ecological effects of nitrogen deposition in the Western United States. Bioscience, 53 (4): 404～420

Gilroy K L, Mccuen R H. 2009. Spatio-temporal effects of low impact development practices. Journal of Hydrology, 367 (3-4): 228～236

Goyen A G. 2000. Spatial and temporal effects on urban rainfall/runoff modeling. Doctoral dissertation, Univ of Technology, Sydney, Australia

Hamel P, Daly E, Fletcher T D. 2013. Source-control stormwater management for mitigating the impacts of urbanisation on baseflow: a review. Journal of Hydrology, 485 (1): 201～211

Han W S, Burian S J. 2009. Determining effective impervious area for urban hydrologic modeling. Journal of Hydrologic Engineering, 14 (2): 111～120

Heaney J P, Huber W C, Nix S. 1977. Storm water management model: Level I—Preliminary screening procedures. U.S. Environmental Protection Agency Rep. EPA-600/2-76-275, Washington DC

Hoffman J, Crawford D. 2001. Using comprehensive mapping and database management to improve urban sewer systems. In: James W (ed). Models and Applications to Urban Water Systems. Guelph Ont: CHI Publications. 445～464

Hsieh C H, Davis A P, Needelman B A. 2007. Nitrogen removal from urban stormwater runoff through layered bioretention columns. Water Environ Res, 79 (12): 2404～2411

Hwang J, Dong S R, Seo Y. 2017. Implication of directly connected impervious areas to the mitigation of peak flows in urban catchments. Water, 9 (9): 696

Jambhekar A, Pandya J F. 2009. Studies in indian management: an annual survey of literature: 1987. Jawra Journal of the American Water Resources Association, 45 (1): 198～209

Jennifer R D. 2008. Guidance for rural watershed calibration with EPA SWMM. Thesis. Colorado: Colorado State University

Jung I W，Chang H，Moradkhani H. 2011. Quantifying uncertainty in urban flooding analysis considering hydro-climatic projection and urban development effects. Hydrology & Earth System Sciences，15（2）：617~633

Kennish M J. 2001. Coastal salt marsh systems in the US：a review of anthropogenic impacts. Journal of Coastal Research，17（3）：731~748

Krishnamurthy C K B，Lall U，Hyunhan K. 2009. Changing frequency and intensity of rainfall extremes over India from 1951 to 2003. Journal of Climate，22（18）：4737~4746

Ladson A R，Walsh C J，Fletcher T D. 2006. Improving stream health in urban areas by reducing runoff frequency from impervious surfaces. Australian Journal of Water Resources，10（1）：23~33

Lee J A，Caporn S J M. 1998. Ecological effects of atmospheric reactive nitrogen deposition on semi-natural terrestrial ecosystems. New Phytology，139：127~134

Lee J G，Heaney J P. 2002. Directly connected impervious areas as major sources of urban stormwater quality problems. Evidence from South Florida Proc，7th Biennial Conf. on Stormwater Research and Water Quality Management，Southwest Florida Water Management District

Lucas W C. 2011. Modeling Impervious Area Disconnection with SWMM. Low Impact Development International Conference，897~909

Martínez-Solano J F，Iglesias-Rey P L，Saldarriaga J G，Vallejo D. 2016. Creation of an swmm toolkit for its application in urban drainage networks optimization. Water，8（6）：259

Meixner T，Fenn M. 2004. Biogeochemical budgets in a Mediter-ranean catchment with high rates of atmospheric N deposition–importance of scale and temporal asynchrony. Biogeochemistry，70（3）：331~356

Moscrip A L，Montgomery D R. 1997. Urbanization flood，frequency and salmon abundance in Puget Lowlan Streams. Journal of the AmericanWater Resources Association，33（6）：1289~1297

Nelson E J，Booth D B. 2002. Sediment sources in an urbanizing，mixed land use watershed. Journal of Hydrology，（264）：51~68

Neville Nicholls. 2012. Long-term changes in the usage of climate and weather words. Weather，67（7）：171~174

Novotny V，Olem H. 1994. Water quality: Prevention，identification，and management of diffuse pollution，Van Nostrand Reinhold，New York. Journal of Environmental Quality，24（2）：383

Oudin L，Salavati B，Furusho-Percot C，Ribstein P，Saadi M. 2018. Hydrological impacts of urbanization at the catchment scale. Journal of Hydrology

Paul M J，Mayer J L. 2002. Streams in the urban landscape. Annual Reviews in Ecology and Systematics

Poff N L，Allan J D，Bain M B，Karr J R，Prestegaard K L，Richter B D，Sparks R E，Stromberg J C. 1997. The natural flow regime. Bioscience，47（11）：769~784

Prisloe M，Giannotti L，Sleavin W. 2000. Determining impervious surfaces for watershed modeling applications. Proc，8th National Nonpoint Monitoring Workshop

Peterson E W, Wicks C M. 2006. Assessing the importance of conduit geometry and physical parameters in karst systems using the storm water management model (SWMM). Journal of Hydrology, 329:294~305

Pouyat R V, Yesilonis I D, Russell-Anelli J, Neerchal N K. 2007. Soil chemical and physical properties that differentiate urban land-use and cover types. Soil Sci Soc Am J, 71 (3): 1010~1019

Prince George's County. 2000. Low impact development hydrologic analysis. Report. Prince George's County, MD Dept. of Environmental Resources, Programs & Planning Division. U S EPA No 841-B-00-002. Washington, D C

Prince George's County, 2009. Bioretention manual. Department of Environmental Resources, Prince Georges County Largo, MD

Qin H P, Li Z X, Fu G. 2013. The effects of low impact development on urban flooding under different rainfall characteristics. Journal of Environmental Management, 129 (18): 577~585

Roy A H, Shuster W D. 2009. Assessing impervious surface connectivity and applications for watershed management 1. Jawra Journal of the American Water Resources Association, 45 (1): 198~209

Rossman L A. 2009. Storm water management model user's manual. Version 5.0. U.S. EPA, Cincinnati, Oh

Rushton B T. 2001. Low-impact parking lot design reduces runoff and pollutant loads. Journal of Water Resources Planning and Management, (May/June): 172~179

Schaefer M G. 1990. Regional analyses of precipitation annual maxima in Washington state. Journal of Infectious Diseases, 26 (1): 119~131

Schreider S Y, Smith D I, Jakeman A J. 2000. Climate change impacts on urban flooding. Climatic Change, 47 (1-2): 91~115

Schueler T R. 1994. The importance of imperviousness. Watershed Protect Techn, 1 (3): 100~111

Shields C, Tague C. 2015. Ecohydrology in semiarid urban ecosystems: modeling the relationship between connected impervious area and ecosystem productivity. Water Resources Research, 51 (1): 302~319

Shukla S, Gedam S. 2018. Assessing the impacts of urbanization on hydrological processes in a semi-arid river basin of maharashtra, india. Modeling Earth Systems & Environment, (3): 1~30

Sklar F H, Browder J A. 1998. Coastal environmental impacts brought about by alterations to freshwater flow in the Gulf of Mexico. Environmental Management, 22 (4): 547~562

Sun S, Barraud S, Branger F, Braud I, Castebrunet H. 2018. Urban hydrologic trend analysis based on rainfall and runoff data analysis and conceptual model calibration. Hydrological Processes, 31

Sunde M G, He H S, Hubbart J A, Urban M. A. 2018. An integrated modeling approach for estimating hydrologic responses to future urbanization and climate changes in a mixed-use midwestern watershed. Journal of Environmental Management, 220 (August): 149

Vicars-Groening J, Williams H F L. 2006. Impact of urbanization on storm response of White Rock Creek, Dallas, TX. Environ Geol, 51: 1263~1269

Vitousek P M, Aber J D, Howarth R W, Likens G E, Matson P A, Schindler D W, Schlesinger W H, Tilman D G. 1997. Human alteration of the global nitrogen cycle: sources and consequences. Ecological

Applications，7：737～750

Ylvisaker N D，Guest P G. 1962. Numerical Methods of Curve Fitting. Biometrika，16（79）：3616～3618

Whitea M D，Greer K A. 2006. The effects of watershed urbanization on the stream hydrology and riparian vegetation of Los Penasquitos Creek，California. Landscape and Urban Planning，74：125～138